1일 1편

신박한
잡학사전

365

1일 1편

신박한 잡학사전

365

알파미디어

Day - 1

FACT : 허름한 음식점에서 외식을 할 때 염려해야 할 것은 비단 음식만이 아니다. 일반적인 메뉴판에도 대장균, 살모넬라와 같은 **해로운 세균이 우글거린다.** 사실, 한 연구에 따르면 평범한 코팅된 메뉴판 1제곱센티미터 당 185,000마리의 세균이 존재하며, 이는 일반 변기 시트에 비해 높은 수치라고 한다.

바로 이런 이유로 메뉴판의 와플 사진이 아무리 맛있어 보여도 그걸 핥았다가는 매니저의 눈총을 받을 수 있다.

》 '메뉴판의 세균을 조심하라', 청소 및 유지 보수 관리, 2014년 3월 28일, www. cmmonline.com.

Day - 2

FACT : 성형외과 의사들은 어떻게 기술을 연마하는지 생각해본 적이 있는가? 그저 책만 읽고 바로 실전에 뛰어들까? 고무로 만든 얼굴을 가지고 절개 연습을 할까? 운 나쁘게 선택된 원숭이들에게 코 성형을 해보는 걸까? 아니, 그들은 **절단된 사람의 머리들을 절개해 봄**으로써 메스 쓰는 법을 배운다.

당신이 연구를 위한 시신 기증에 동의할 때, 턱 리프팅이나 입술 성형을 위한 실험 대상이 되기를 기대하지는 않을 터.

》 '얼굴 성형 교육', 에모리 의대, http://otolaryngology.emory.edu.

Day - 3

FACT : 임신이 여성의 몸을 망가뜨리는 여러 방식들 중, **담낭에 심각한 손상을 입히는 것은 분명 가능한 일이다.** 단지 담석으로 인한 끔찍한 고통뿐만이 아니다. 어떤 경우에는 그 기관이 호르몬 과다 분비 때문에 제 기능을 전혀 못하게 되어 완전히 잘라내야 할 때도 있다.

그리고 16년 후, 그 모든 희생의 결과물이 당신을 매일 바보라고 부르고 있다.

》 레이첼 날, MSN, CRNA, '임신과 담낭: 영향이 있을까?' 헬스라인, 2016년 8월 10일, www.healthline.com.

Day - 4

FACT : 대자연을 거닐다가 나뭇가지 위에 앉아 있는 작고 귀여운, 알록달록한 털 뭉치를 발견했다면 손으로 집지 말고, 제발 입에 집어넣지 말라. 뾰족한 침이 잔뜩 솟아 있는 유독성 '고양이(puss)' 애벌레(남부 플란넬 나방, Megalopyge opercularis)일지도 모르니까. 이것은 **미국에서 가장 독성이 강한 애벌레들 중 하나**이다.

하지만 비니부 인형에 중독된 친구에게는 더없이 좋은 치료제가 될 수도.

》제리 케이츠, '고양이 애벌레 또는 독사 - 일반적인 정보', 벅스 인 더 뉴스, 2014년 1월 22일, http://bugsinthenews.info.

Day - 5

FACT : 듣기 좋은 이름을 가진 끔찍한 곤충이 있으니, 바로 키스 벌레(kissing bug)이다. 이 벌레는 실제로 당신의 입술을 가지고 놀기를 즐기지만, **키스가 아니라 깨물기를 더 좋아**하며 샤가스병(Chagas disease)이라는 무시무시한 질병을 옮긴다. 그리고 이런 일이 머나먼 이야기라는 생각에 안심하고 있었다면, 지난 봄 델라웨어에서 한 여자아이가 그 벌레한테 얼굴을 물렸다는 사실에 실망할 터.

이 이야기가 끔찍하게 들린다면 절대로 그 과격한 스킨십을 하는 벌레와 한 방에 있기를 원치는 않겠지.

》제시카 비에스, 'CDC, 델라웨어의 한 여자아이가 위험한 '키스 벌레'한테 얼굴 물린 것 확인', 〈USA투데이〉, 2019년 4월 24일, www.usatoday.com.

Day - 6

FACT : 방울뱀들은 **당신의 다리를 찔러 독을 주입**하기 전에 미리 경고를 하는 최소한의 예의를 갖추고 있다. 그러나 그들의 방울이 점차 사라져 가고 있는 듯하다. 즉 자연선택의 원리 덕분에, 이제 우리는 아무 것도 모른 채 방울뱀을 발로 밟게 될지도 모른다.

정말로 영리한 진화가 이루어졌다면 방울뱀들에게 다리와 수북한 분홍색 털, 커다란 눈이 생겨서 사람들이 삽으로 그들의 목을 치는 일은 없었을 터.

》 코리 랭글, '전문가 "방울뱀은 진화 중, 방울이 사라지고 있다"', NBC26, 2013년 9월 28일, www.nbc26.com.

Day - 7

FACT : 꽃, 향초, 방향유의 향기로 집안을 가득 채우기를 즐긴다면, 후각이 왜곡되는 병에 걸리지 않기를 기도하라. 이 증상은 **좋은 냄새를 끔찍한 악취로 인지하게 만들어,** 빨래 바구니의 퀴퀴한 냄새나 이동식 화장실 안의 악취처럼 느끼게 된다. 그리고 때로는 미각에도 그와 같은 영향을 미칠 수 있다.

고양이 집에서 갓 구운 쿠키 냄새가 나는 건 장점이라 해야 하나?

》 도널드 레오폴드, '후각적 인지의 왜곡: 진단과 치료', 옥스퍼드 아카데믹, 2002년 9월 1일, https://academic.oup.com.

Day - 8

FACT : 중국의 우주비행사 양 리웨이가 **우주선 밖에서 '두드리는'** 소리를 들었다고 보고한 이후 미국 항공우주국(NASA)은 '전파 장애'라는 납득하기 어려운 해명을 내놓았다. 리웨이는 그 소리의 원인을 찾지 못했고 다시 낼 수도 없었으며, 같은 소리를 다시는 듣지 못했다.

───────

안타깝게도, 화장실을 쓰고 싶었던 외계인은 그냥 우주에서 볼일을 볼 수밖에 없었다.

》 '중국인 우주비행사, 우주에서 '두드리는 소리'에 당황', BBC 뉴스, 2016년 11월 30일, www.bbc.com.

Day - 9

FACT : 에센셜 오일이 유행한 지 꽤 됐다. 그 냄새나는 액체는 아무 데나 막 발라도 전혀 해가 없다는데, 맞나? 병에 '1백퍼센트 천연'이라고 적혀 있잖아! 음, 그래도 그 오일들은 결국 농축된 화학 물질들이므로 '1백퍼센트 천연'이 꼭 '1백퍼센트 무해함'을 의미하는 것은 아니다. 또 그중 일부는(라벤더와 티트리 오일) **청소년기 남자아이들에게 유방 확대**를 일으킬 수 있으며, 클로브 오일은 섭취 시 혈전으로 인한 사망을 유발할 수 있다.

10대 소년이 고등학교 때 가슴이 풍만해지기 시작한다면 분명 죽고 싶을 지도.

》 PDQ 통합, 대체 및 보완 요법 편집위원회, '에센셜 오일을 이용한 아로마테라피', PDQ 암 정보 요약, 2019년 11월 7일, www.ncbi.nlm.nih.gov.

Day - 10

FACT : 중국 저장성을 여행 중이라면, 통지단이라는 유명한 간식은 피하고 싶을 터. 물론 **남자아이의 소변에 넣어 삶은 달걀**의 광팬이 아니라면 말이다. 그 맛은 '신선하고 짭짤'하다고 한다.

이봐, 믿기 힘들다는 건 알지만, 진짜 유명하다니까. 찾아봐. 미국에서 하와이안 피자를 먹는 게 이상하지 않은 것과는 좀 달라.

》 로이스턴 챈, '소변에 담근 달걀, 중국 어느 도시의 봄 별미', 로이터 통신, 2012년 3월 29일, www.reuters.com.

Day - 11

FACT : 오징어는 인기 있는 해산물이지만, 씹기 전에는 반드시 잘 익었는지 확인하도록. 그게 그러니까, 한국의 한 여성이 2012년에 겪었던 것처럼, 당신의 입을 임신시키지 않으려면 말이다. 그 여성은 '구강 내에서 극심한 통증'이 느껴진다고 호소했고, 의사는 **그녀의 점막에서 그 '작고 흰색인, 방추형의 벌레 같은 유기체'들을** 전부 제거하는 불행한 임무를 맡아야만 했다.

만약 이 이야기가 어떤 방식으로든 당신을 흥분시킨다면, 부디 당장 당국에 알려 연방 감시자 명단에 이름을 올리도록.

》 미케일라 콘리, '조리된 오징어가 여성의 입 속에 수정', ABC 뉴스, 2012년 6월 15일, https://abcnews.go.com.

Day - 12

FACT : 옴은 학생들에게도 학부모들에게도 끔찍한 일이다. 하지만 그것은 그보다 더 심화된 형태인 딱지성 옴에 비하면 나은 것이다. 딱지성 옴은 면역체계가 약해 대항할 힘이 없는 사람들에게 발병하는데, 피부에 **아주 작은 진드기들과 그 알들이 창궐해** 피부를 마치 나무나 갈라진 돌처럼 보이게 한다.

하지만 핼러윈 때에는 돈 안 들이고 그루트처럼 보일 수 있을 터.

》 '딱지성 옴', 유전 및 희귀 질환 정보 센터, 2019년 6월 17일, https://rarediseases.info.nih.gov.

Day - 13

FACT : 반려동물을 뒤뜰에 묻어 주는 슬픈 일을 앞두고 있다면, 캘리포니아 모데스토의 어느 가족이 경험한 것과 같은 상황에 맞닥뜨리 수도 있으니 마음의 준비를 단단히 할 것. 그들은 자신들이 **파낸 것이 부패한 시신**임을 알고는 깜짝 놀랐다.

뭐, 적어도 그들은 저세상에서 그들의 반려견을 산책시켜 줄 누군가를 찾은 거니까.

》 '반려동물을 땅에 묻어 주던 주인, 뒤뜰에서 부패한 시신 발견', ABC7 뉴스, 2018년 11월 26일, https://abc7news.com.

Day - 14

FACT : 몸길이가 5센티미터까지 자라며 강력한 독침을 지닌 장수
말벌이 최근 들어 **적대적인 무리를 형성하고 있다.** 그들이 중국의
한 주에서만 42명의 사상자를 낸 후 유럽으로 이동한 이상, 언젠가는
북아메리카에도 나타날 것이라고 충분히 예측할 만하다.

그러니 당신은 에피펜 주사기를 에피펜 화염방사기로 바꾸고 싶은 마
음이 간절할 것이다.

》 매디슨 파크, 다유 장, 엘리자베스 랜도, '치명적인 말벌에 중국에서 42명 사망',
CNN, 2013년 10월 4일, www.cnn.com.

Day - 15

FACT : 집 근처에 비료 공장이 있다고? 늘 있는 악취보다 더 싫은 상황은, **엄청난 폭발의 반경 이내에 내가 포함되어 있을 가능성을 늘 안고 사는 것이다.** 때로는 그런 위험이 바다에서 발생하기도 한다. 질산암모늄을 실어 나르던 화물선이 폭발해 수백 명이 사망하고 텍사스주의 항구도시인 텍사스 시티 자체를 없애버리다시피 했던 때처럼.

───────

그러니 폼페이 시민들은 그날 아침 얼마나 놀랐을까.

》 매트 레이만, '미국 역사상 최대 규모의 비핵폭발로 텍사스 타운 대부분이 파괴, 수백 명 사망', 타임라인, 2017년 6월 2일, https://timeline.com.

Day - 16

FACT : 혈한증(Hematohidrosis)은 **말 그대로 피를 땀처럼 흘리는 증상을 일컫는 의학 용어이다.**

아마도 바티칸에 전화를 걸기에 앞서 전문 의료진들에 의해 사용되었을 듯.

》 로베르토 말리에, 마르치아 카프로니, '혈한증의 사례: 헤마토하이드로시스 증후군', CMAJ, 2017년 10월 23일, www.cmaj.ca.

Day - 17

FACT : 아칸소주의 한 남성이 길 잃은 개를 입양했다. 전하는 바에 따르면 몇 주 뒤 그가 자다 일어났을 때 그 '작고 하얗고 북슬북슬한 개'가 피범벅이 되어 있었으며, 그 **남성의 고환 하나가 사라졌다**고 한다.

그 개는 닥스훈트와 차우차우의 교배종이 틀림없어 보인다.

》 '개가 마비된 남성의 고환 먹어', KAIT8, 2013년 7월 30일, www.kait8.com.

Day - 18

FACT : 당신의 귓속에 안락하게 들어 사는 거미들이 있다. 미국 미주리주 캔자스 시티에 사는 한 여성의 귀에 침입한 갈색은둔거미에서부터 영국 싱어송라이터 케이티 멜루아(Katie Melua)의 귓구멍에 둥지를 튼 다리 여덟 개 달린 불법 거주자에 이르기까지, 거미들은 당신의 머릿속 친구가 되는 것에 대해 전혀 부끄러워하지 않는다.

비록 우리는 그보다 더 골치 아픈 룸메이트들과 살고 있지만.

》 마크 트랜, '케이티 멜루아, 자기 귓속에 사는 거미 찾아', 〈가디언〉, 2014년 11월 2일, www.theguardian.com.

Day - 19

FACT : 지난 30년간 **천식에 걸리는 사람이** 점점 더 많아지고 있는데 과학적으로 그 원인을 설명할 수 없다.

———————

그러나 좋은 점은, 흡입기를 들고 있는 남자는 그 무엇보다 섹시해 보인다는 것이다.

》 베로니크 그린우드, '천식 환자의 비율이 높아지는 원인은 무엇인가?', 〈사이언티픽 아메리칸〉, 2011년 4월 1일, www.scientificamerican.com.

Day - 20

FACT : 독일의 두꺼비 폭발 미스터리의 비밀이 풀렸다. 까마귀들이 그 양서류들에게 몰래 다가가 **간을 빼낼 수 있는 정확한 지점을 뚫어버렸던 것.** 놀란 두꺼비들은 습관적으로 몸을 부풀렸고, 결국 그들의 내장은 온천이 분출하듯 뿜어져 나왔다.

이로써 까마귀는 해변에서 어린아이들에게 똥 싸기를 좋아하는 갈매기에 이어 두 번째로 사악한 새가 되었다.

》루스 엘킨스, '까마귀에게 돌을 던져라! 두꺼비 폭발 사건 해결', 〈인디펜던트〉, 2005년 5월 8일, www.independent.co.uk.

Day - 21

FACT : 수성 두드러기(aquagenic urticaria)라는 질환을 가진 사람은 물과 접촉할 시 두드러기와 통증을 수반한 팽진이 생길 수 있다.

주의: 어린 아이들은 이것을 핑계 삼아 목욕을 안 하려고 할 수 있음.

》카일리 스터게스, '물 알레르기가 있는 사람에게 일어나는 일', 사이언스 얼러트, 2015년 12월 27일, www.sciencealert.com.

Day - 22

FACT : 목에 두른 스카프 때문에 죽는 일이 없도록 항상 조심할 것. 그런 일이 얼마나 흔한지 그걸 가리키는 용어도 따로 있다. 바로 '이사도라 던컨 증후군(Isadora Duncan syndrome)'. **자동차 뒷바퀴에 스카프가 엉켜서 목이 졸려 사망한** 유명 무용수의 이름에서 따온 것이다.

이룬 업적보다 민망한 죽음으로 더 많이 기억되는 것은 데이빗 캐러딘 증후군이라 불러야 할 터.

》P.A. 고웬스, R.J. 데븐포트, J. 커, R.J. 샌더슨, A.K. 마스든, '스카프로 인한 우발적 목 졸림에서 생존한 결과인 후두 파열과 경동맥 협착증: '이사도라 던컨 증후군'. 사례 보고 및 문헌 검토', BMJ 응급 의료 저널, 2003년 7월 2일, www.ncbi.nlm.nih.gov.

Day - 23

FACT : 브라질 살바도르에 가게 된다면 밤에 창문을 꼭 닫도록. 광견병에 걸린 흡혈 박쥐가 찾아올 수도 있으니 말이다.

그 중 섹시하고 반짝이는 언데드로 변하는 놈은 한 마리도 없다.

》 마크 베레스포드, '광견병으로 한 남성이 사망한 브라질 도시, 흡혈 박쥐의 공포에 떨어', 〈텔레그래프〉, 2017년 5월 31일, www.telegraph.co.uk.

Day - 24

FACT : 다진 고기 패티 단 한 장에 소 **수백** 마리의 세포조직과 힘줄들이 포함되어 있을 수 있다.

———————

핫도그 한 팩에는 얼마나 많은 입술, 젖꼭지, 그리고 발굽들이 들어 있을지 상상해 보라.

》 로베르토 A. 퍼드먼, '햄버거 하나에 얼마나 많은 소가 들어갔을지 알아보려 했다. 정말 힘든 일이었다.', 〈워싱턴포스트〉, 2015년 8월 5일, www.washingtonpost.com.

Day - 25

FACT : 이를 드러낸 상어와 독을 뚝뚝 떨어뜨리는 해파리에 대한 걱정 따위에도 아랑곳없이 해변을 찾는 사람들에게 또 다른 위험이 도사리고 있으니, 바로 비행하는 파라솔이다. 아무 생각 없이 일광욕을 즐기던 사람들이 **갑자기 몰아치는 바람 때문에 탄도미사일처럼 변해 날아온 파라솔에 찔리는** 일이 자꾸 발생하자, 미국 상원의원들이 더 이상의 끔찍한 부상들을 막기 위해 나서게 되었다.

패러세일링 중에 이런 일을 겪는다면 정말 큰일 날 듯.

》 나나 센투오 본수, '상원의원 케인, 워너, 비치파라솔 안전 문제 제기', WTKR, 2019년 3월 3일, https://wtkr.com.

Day - 26

FACT : 세계 곳곳에서 발견된 다른 흉측한 거미들에 더해, 앙골라에서 특별한 종류가 하나 더 발견되었다. 그 이름은 '혼드 바분 거미(horned baboon spider)'로, 등에는 알 수 없는 이유로 자라난 긴 돌기가 있으며 덕분에 '유니콘 타란툴라'라는 별명을 얻었다.

마침내 여자아이들이 기르고 싶어 하지 않을 유니콘을 찾아낸 듯.

》 민디 와이스버거, '등에 이상한 뿔이 달린 '유니콘' 타란툴라', 라이브 사이언스, 2019년 2월 13일, www.livescience.com.

Day - 27

FACT : 아픔과 통증 때문에 이부프로펜 몇 번 먹는 것은 아무런 문제도 없다. 다만 스티븐스 존슨 증후군(Stevens-Johnson syndrome)에 걸린다면 처방전도 없이 살 수 있는 그 진통제로 인해 **통증이 수반된 수포가 생기고 마치 3도 화상에 입은 것처럼 피부가 벗겨질 수도 있다.**

———————

얼굴 피부가 떨어져 나가고 있는 상황에서 두통 따위는 더 이상 생각나지 않을 듯.

》 싯데슈와 S. 안가디, 아비쉐크 칸, '이부프로펜으로 유발된 스티븐스 존슨 증후군 - 네팔의 독성표피괴사용해(Toxic epidermal necrolysis) 사례', 아시아 퍼시픽 알레르기, 2016년 1월, www.ncbi.nml.nhi.gov.

Day - 28

FACT : 다음번에 모텔이나 호텔에서 짐을 풀 때는 **누군가 그 방에서 자살했을** 가능성에 대해 너무 깊게 생각하지 말도록. 숙박 시설에 투숙하는 사람들이 자살할 확률은 일반인들에 비해 훨씬 높으며 이는 1백년도 훨씬 넘게 이어져 온, 증명된 현상이다.

이 정도면 복도 끝에서 당신을 쳐다보고 있는 그 소름끼치는 쌍둥이는 잊어버릴 수 있을지도.

》 P. 자로프스키, D. 에이버리, '호텔 방 자살', 〈자살과 생명 위협 행동〉, 2006년 10월, www.ncbi.nlm.nih.gov.

Day - 29

FACT : 뉴욕 그랜드 센트럴 역은 다량의 화강암으로 지었기 때문에 유독하다. 이 맨해튼의 교통 허브는 건설 시 다른 암석들에 비해 방사성 원소가 더 많이 함유된 화강암이 너무 많이 사용되어, **이곳을 지나는 사람들은 누구나 유해한 양의 방사선에 노출**된다(원자력 발전소에 있을 때보다 더 많은 양).

당신이 설령 방호복으로 무장한 채 출근한다고 해도 당신과 눈을 마주치려 드는 사람은 아무도 없을 것이다.

》 에스더 잉글리스-아켈, '방사선을 내뿜는 그랜드 센트럴 역', 기즈모도, 2015년 3월 3일, https://io9.gizmodo.com.

Day - 30

FACT : 요충(pinworm)은 당신의 장 속에 사는 꿈틀거리는 기생충으로, 밤이면 알을 낳으러 당신의 엉덩이 밖으로 꼼지락대며 나오기도 한다.

하는 짓만 보면 어떻게 '핀(pin)' 벌레라는 이름이 붙었는지 도무지 모르겠다.

》 '요충 감염 FAQs', 미국 질병통제예방센터, 2013년 1월 10일, www.cdc.gov.

Day - 31

FACT : 다음에 그린란드에 가게 되면 키비악(kiviaq)을 양껏 즐겨 볼 것. 이 음식은 **죽은** 바다 새들을 역시 죽은 **바다표범의 뱃속에 채워** 1년 반 동안 발효시켜 만든다.

턱더큰(turducken, 칠면조 뱃속에 오리를 넣고 오리 뱃속에 닭을 넣어 구운 요리-옮긴이)과 거의 같은, 다만 썩은 바다표범의 톡 쏘는 냄새가 더해진 것이다!

》 베선 에반스, '세상에서 가장 이상한 음식?', BBC 푸드 블로그, 2011년 1월 26일, www.bbc.com.

Day - 32

FACT : 흔하디흔한 종양이 몸에 있다는 소식만 들어도 불쾌한데, 그보다 더 불쾌한 소식이 있다. 그 **종양이 근육, 뼈, 머리카락, 또는 이빨을 가진** 기형종(teratoma, 그리스어로 '부어오른 괴물'이라는 뜻)일 가능성이 있다는 것. 때로는 작은 뇌까지 달린 것도 있다.

___

아무리 좋게 해석해보아도 첫 데이트에서 몸에 '부어오른 괴물'이 있다고 말하면 두 번째 만남은 성사되지 않을 터.

》 'NCI 암 용어 사전', 미국 국립암연구소, www.cancer.gov.

Day - 33

FACT : 그라운드호그 데이는 본래 무서운 휴일이 아니지만, 당신이 시장이거나, 진짜 마멋(그라운드호그)이라면 좀 다를 수도 있다. 그 예로, 위스콘신주 선프레리의 시장 조나선 프룬드(Jonathan Freund)는 '지미'라는 마멋에게 귀를 물렸고, 뉴욕시 시장 마이클 블룸버그(Michael Bloomberg)는 스태튼 아일랜드의 마멋 '척' 때문에 손을 다쳤다. 하지만 가장 어처구니없었던 일은 뉴욕시 시장 빌 드 블라시오(Bill de Blasio)가 실수로 '샬롯'이라는 이름의 마멋을 떨어트렸던 것인데, 샬롯은 그 사고 때문에 고통스러운 죽음을 맞이하게 되었다고 여겨진다.

드 블라시오는 그런 일을 좀 할 줄 아는 사람들에게 맡겼어야 했다. 여기서 그런 일이란 바로 시장직이다.

》 폴리 모센즈, '빌 드 블라시오, 비극적인 마멋의 죽음에 연루', 〈애틀랜틱〉, 2014년 9월 25일, www.theatlantic.com.

Day - 34

FACT : 정말 다행이게도 우리는 수술을 받을 때 마취제 덕분에 외과 의사들이 우리 몸을 생선 가르듯 절개해도 고통을 느끼지 않는다. 다만 **마취제의 효과가 전혀 들지 않는 상태가 되는** 엘러스-단로스 증후군(Ehlers-Danlos syndrome)이 아니라면 말이다.

치과 의사들은 아마도 그 모든 고함 소리에 대해 진료비를 두 배로 청구할 것이다.

》 크리스 바라니욱, '치과에서 마취가 안 되는 사람들', BBC 퓨처, 2017년 1월 9일, www.bbc.com.

Day - 35

FACT : 하이킹을 할 때 들사슴이 자연 서식지를 돌아다니는 모습만큼 장엄한 광경은 없다. 그러나 그것들이 **죽은 동물들의 부패한 유해를 먹는** 장면을 목격하게 되면 분위기가 확 달라진다. 들사슴은 심지어 기회만 있으면 사람 시체도 먹는다.

그러니 동네 장례식장 뒤편에서 들사슴 떼를 목격한다면 관계 당국에 연락을 취해야 할 것이다.

〉 델라니 로스, '최초 공개: 사람 뼈를 먹는 사슴 포착', 〈내셔널지오그래픽〉, 2017년 5월 7일, www.nationalgeographic.com.

Day - 36

FACT : 캘리포니아의 연안 지역에 살고 있다면 지진은 그저 일상 생활의 일부분일 것이다. '대지진'에 관한 이야기가 항상 있어 왔지만 심각하게 여기는 사람은 아무도 없는 것 같다. 그러나 이제는 좀 심각해져야 할 듯. 학자들에 따르면 향후 30년 이내에 최소 6.7리히터 규모의 **천재지변**이 일어날 확률이 **99퍼센트**라니 말이다.

하지만 건강을 가지고 도박하는 게 싫었다면 애초에 샌프란시스코에 살지를 말았어야지.

❯ 세바스찬 케틀리, '캘리포니아 지진 경고: 30년 안에 대지진 발생 확률 99퍼센트', 〈익스프레스〉, 2019년 7월 8일, www.express.co.uk.

Day - 37

FACT : 스페인의 어느 주택 주인들이 **침실 벽 안에서 벌 8만 마리가 사는 벌집**을 발견했다.

이로써 8만 개의 에피펜으로 가득 찬 벽장의 미스터리가 풀렸다.

》잭 가이, '부부 침실에서 윙윙거리는 소리 들려: 범인은 8만 마리의 벌들로 밝혀져', CNN, 2019년 5월 20일, www.cnn.com.

Day - 38

FACT : 옐로스톤 국립공원은 **이론적으로는 미국 서부를 몽땅 없애버릴 수 있는 초화산(supervolcano)** 꼭대기에 있다. 그리고 이미 그 폭발 주기가 도래한 지 꽤 되었다.

어떤 사람들은 올드페이스풀(옐로스톤 국립공원에 있는 간헐천-옮긴이)이 "하하, 넌 망했어!"라고 속삭이는 소리가 들린다고 한다.

》 캘럼 호어, '옐로스톤: USGS 과학자들, 초화산 실험 후 '절멸' 평결 내려', 〈익스프레스〉, 2019년 10월 4일, www.express.co.uk.

Day - 39

FACT : 다람쥐는 여러 교외 지역에서 볼 수 있는 귀엽고 활발한 동물이며, 그들의 익살스러운 몸짓은 모두를 미소 짓게 한다. 단, 그들이 새들을 죽이고, 새끼 새들을 잡아먹고, 동족포식을 하는 때만 아니면. 이 모두가 먹이가 부족해지면 나타나는 전형적인 행동이다.

그러니 만약 새 모이통에서 모이를 훔치는 다람쥐를 붙잡았다면, 부디 그냥 놓아주길.

》 '다람쥐가 쥐, 새를 죽인다고?', 전문 야생동물 구제, www.wildlife-removal. com.

Day - 40

FACT : 체르노빌 참사가 일어난 지 30년이 넘은 이 시점에도 우리가 걱정할 일이 있을까? 물론 그렇고말고. 여전히 방사능 물질이 땅속으로 가라앉으며 열을 발생시킨다. 그리고 그것이 마침내 지하수면에 닿았을 때 **또 다시 폭발할 수 있다**는 공포가 도사리고 있다.

》 카일 힐, '체르노빌의 재앙 '코끼리의 발', 여전히 치명적', 〈노틸러스〉, 2013년 12월 4일, http://nautil.us.

Day - 41

FACT : 이동식 화장실 청소는 아마도 지구상에서 가장 역겨운 일들 중 하나일 것이다. 실제로 불이 붙거나 붙어서 폭발하는 경우도 있고, 그 안에서 떠다니는 시체를 발견하는 것도 드문 일은 아니다.

포름알데히드 냄새 때문에 헷갈린 시체들이 돌아다니다가 끼어버린 것일 수도.

》 게리 풀먼, '이동식 화장실에서 발견된 10가지 기괴한 것들', 리스트버스, 2016년 12월 23일, https://listverse.com.

Day - 42

FACT : 어떤 사람들은 안경보다 콘택트렌즈가 더 편하다고 여길지 모르지만, 만약 이것을 깨끗이 관리하지 않으면 가시아메바(acanthamoeba)라는 기생충이 **각막에 붙어 그것을 갉아먹어서 실명에 이르게 할 수도 있다.**

그것들은 그저 당신의 눈알에 붙어 즙을 빨아먹는 작은 거머리들이라고 생각하면 된다.

》 '기생충-가시아메바-육아종 아메바성 뇌염(Granulomatous Amebic Encephalitis, GAE); 각막염', 미국 질병통제예방센터, 2017년 6월 5일, www.cdc.gov.

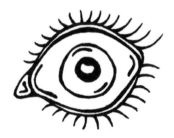

Day - 43

FACT : 호주령인 크리스마스 섬에 살게 된다면 결코 무시할 수 없는 연례행사가 있다. 그것은 **마치 움직이는 집게발 카펫처럼 섬을 가득 뒤덮는** 홍게들의 대규모 침입이다. 수백만 마리의 홍게가 와서 짝짓기를 하고 죽는 이 시기에는 몇 주간 교통이 마비되고 가게들이 장사를 못 할 정도이다.

갑각류 알레르기가 있는 사람이라면 이 얼마나 불쾌한 일인가.

》'홍게 대이동', 크리스마스 섬 국립공원, https://parksaustralia.gov.au.

Day - 44

FACT : 이번 밸런타인데이에 장미꽃을 기대하고 있는가? 장미 가시에 찔려 상처를 입으면 스포로트릭스 쉔키(Sporothrix schenckii)라는 진균이 혈류에 침투해 **병변, 종기, 궤양을 일으킬 수 있다.**

그러니 당신이 기대했던 것과는 다른 종류의 비명소리가 난무할 수 있다.

》 찰스 패트릭 데이비스, MD, PhD, '스포로트릭스증(Sporotrichosis)', 메디신넷 (MedicineNet), www.medicinenet.com.

Day - 45

FACT : 밸런타인데이에 당신의 장미를 남아메리카의 아동 노동 자들이 꺾었을 확률은 8퍼센트이다.

다른 이들의 극심한 비참함 속에서 꽃 피는 게 진정한 로맨스지.

》 맥스 피셔, '당신의 밸런타인데이 꽃을 아동 노동자들이 꺾었을 확률은 12분의1', 〈디 애틀랜틱〉, 2012년 2월 14일, www.theatlantic.com.

Day - 46

FACT : 비디오 게임 마니아들은 사회의 가장 비위생적인 사람들로 알려져 있다. 그리고 이러한 고정관념은 **플레이스테이션4 콘솔 안에 바퀴벌레들이 모여든다는** 사실 때문에 더욱 악화되었다. 어둠, 열기, 팬을 통한 환기 덕분에 완벽한 해충 서식지가 되었다고.

이봐, 적어도 그 애완동물은 당신이 일부러 일어나서 먹이를 줄 필요는 없잖아.

》 세실리아 다나스타시오, '콘솔 수리기사가 말하는 바퀴벌레들이 플스4를 좋아하는 이유', 코타쿠, 2018년 5월 31일, https://kotaku.com.

Day - 47

FACT : 아이다호주 렉스버그의 벤과 앰버 세션스 부부는 그들의 새 집이 그토록 저렴한 값에 나온 이유가 **그 집이 동네에서 '뱀 집'으로 알려져** 있기 때문임을 알아냈다. 마루 밑, 벽 안에 수천 마리, 또 마당에도 잔디가 움직이는 것처럼 보일 정도로 많은 뱀들이 있었다.

그들이 '발정난 태즈메이니아 데빌 집'을 샀다면 돈을 더 많이 아낄 수 있었을 텐데.

》 데지레 아디브, ''뱀 집': 아이다호의 한 주택, 뱀들의 '소굴'로 드러나', ABC 뉴스, 2011년 6월 15일, https://abcnews.go.com.

Day - 48

FACT : 섹스를 통해서도 식중독에 걸릴 수 있다. 당신의 파트너가 최근에 해산물을 먹고 시구아테라 생선 중독(세상에서 가장 흔한 어패독)에 걸렸다면, 그것은 성교를 통해 전염될 수 있으며 임신부들에게는 유산을 일으키기도 한다.

하지만 당신의 파트너가 옮긴 병이 헤르페스라면, 상한 피시 스틱 같은 것을 먹고 걸리지는 않았을 터.

》 마이클린 두클레프, '섹스로 전염된 식중독? 어독 때문일 수 있다', NPR, 2014년 2월 14일, www.npr.org.

Day - 49

FACT : 삶의 스트레스를 줄이고 싶다면 이웃들과 잘 어울리는 것이 중요하다. 집에 왔는데 **이웃이 불도저를 동원해 당신의 집을 부수고 있는** 모습을 보는 것만큼 스트레스 받는 일은 별로 없을 테니까. 몇 년 전 플로리다의 한 여성은 옆집 사람들이 싫고 '수상쩍다'는 이유로 이런 짓을 저질렀다.

그 여성은 재판 후 가게 된 새로운 집에서 '수상쩍은' 사람들을 얼마나 많이 만났을까.

》마이클 월쉬, '플로리다의 한 여성, 불도저 동원해 이웃집 부쉈다고 전해져', 〈뉴욕 데일리 뉴스〉, 2014년 5월 9일, www.nydailynews.com.

Day - 50

FACT : 이루칸지 해파리는 뇌가 없고 촉수가 달린 부류 중 크기는 작은 편이지만, **쏘이면 지구상의 그 어떤 경험들보다 더 불쾌하다.** 그 고통이 너무 심해서 '종말이 다가오는 느낌'이라는 증상이 공식적으로 기록되어 있을 정도.

(보너스: 그것들이 플로리다에 출몰하기 시작했다.)

그 많은 플로리다 관련 기사에 하나가 더해졌을 뿐·

》 L.A. 거슈윈, A.J. 리처드슨, K.D. 윈켈, P.J. 페너, J. 립만, R. 호어, G. 아빌라 소리아, D. 브루어, R.J. 클로저, A. 스티븐, S. 콘다이, '이루칸지 해파리의 생명 활동과 생태', 미국 국립 의학 도서관, 2013, www.ncbi.nlm.nih.gov.

Day - 51

FACT : 칸디다속 진균(Candida auris)은 일종의 '슈퍼 곰팡이'의 학명으로, 병원 사이에서 마구 퍼지고 있다. **전체 감염자의 30~60 퍼센트가 사망**에 이른다.

그러므로 스펀지 목욕까지 지원하는 보험에 가입하도록.

》 헬렌 브랜스웰, '슈퍼 버그 '칸디다속 진균' 경보 발령 - 그리고 중대한 문제들', 스태트, 2019년 7월 23일, www.statnews.com.

Day - 52

FACT : 2018년, 일본인 60명이 **롤러코스터에 탄 채 두 시간 동안 거꾸로 매달려 있었다.**

그 롤러코스터의 이름은 '토 나와'로 지어야 할 듯.

》 엘라 윌스, '일본 롤러코스터 사건: 60여명이 1백 피트 상공에서 거꾸로 매달려', 〈이브닝 스탠다드〉, 2018년 5월 2일, www.standard.co.uk.

Day - 53

FACT : 의사들은 사회에서 가장 믿을 만한 사람들이라 여겨진다. 단, 그들이 수술 후 당신의 몸속에 무언가를 남겨 놓은 경우만 아니라면. 어떤 의사는 **한 여성의 뱃속에 수년간 스펀지가 들어 있도록** 했고, 또 다른 의사는 72세 남성의 몸속에 33센티미터 길이의 금속 리트랙터를 집어넣은 것을 깜빡했다.

가끔 의사들이 맹장을 떼어낸 자리에 당첨 복권을 넣어둔다면 얼마나 좋을까?

》 마크 리버, '한 여성의 몸속에서 6년 이상 된 수술용 스펀지 발견', CNN, 2018년 2월 21일, www.cnn.com.

Day - 54

FACT : 미국 중서부에 산다면 정말로 지진을 걱정해야 할 듯. 그 땅 바로 밑에 있는 단층선이 **가까운 미래에 완전한 황폐화를 야기할 확률이 40퍼센트**이며, 그 영향 범위가 샌 안드레아스 단층의 경우보다 열 배는 더 넓을 테니까.

그러나 가운 차림의 이상한 종말론 교파들에 관해서는 중서부가 북부 캘리포니아를 따라갈 수 없다.

》토마스 노블리, '남부, 중서부의 지진 가능성? 대지진 발생 가능', 〈클라리온 레저〉, 2019년 11월 22일, www.clarionledger.com.

Day - 55

FACT : 당신은 토끼 발을 몸에 지니고 다니면 행운이 온다는 미신을 믿는 부류인가? 제대로 하려면 그냥 장식품 가게에서 토끼 발을 사는 것보다 훨씬 더 하드코어한 일을 할 필요가 있다. 전통에 따르면 토끼 발이 진짜 행운을 가져오도록 하기 위해서는 **묘지에서 토끼를 죽여야** 하니까. 그로버 클리블랜드 전(前)대통령이 제시 제임스의 묘석 위에서 토끼의 목을 조른 것도 바로 그런 이유 때문이다.

그처럼 뒤통수에 총을 맞은 게 운 좋은 일이라서?

》 베키 리틀, '왜 토끼가(그리고 토끼 발이) 행운의 상징으로 여겨질까?', 히스토리, 2019년 8월 1일, www.history.com.

Day - 56

FACT : 고함 스타우트 병(Gorham-Stout disease)은 듣기에는 그럴싸하지만 사실 뼈가 사라지는 병의 또 다른 이름이다. 이런 이름이 붙은 이유는 '사라지는 뼈'라는 이름을 가진 사람이 있었기 때문이 아니라, 그 병에 걸리면 **말 그대로 뼈가 분해되어** 움직일 수 없는, 팔이 축 늘어진 봉제 인형처럼 되며 끊임없는 고통에 시달린다.

하지만 강력한 송풍기만 있다면 익살스럽게 팔을 흔드는 사람 모양의 에어풍선처럼 살아갈 수도 있을 듯.

》 '고함 스타우트 병', 미국 국립희귀장애기구, https://rarediseases.org.

Day - 57

FACT : 아이들을 체험 동물원에 데려가는 것보다 더 안전한 일이 있을까? 다만 그런 동물원의 동물들에게는 여러 종류의 대장균을 비롯해 **항생제에 내성을 갖춘 '슈퍼버그'들이 우글거릴** 가능성이 있다. 실제로 연구 결과, 체험 동물원의 그 모든 사랑스러운 동물들 중 12퍼센트는 털 속에 꿈틀대는 다양한 종류의 다약제 내성 세균을 품고 있었다.

당신은 먹이를 훔쳐 먹는 못된 라마들이 가장 큰 걱정거리라고 생각했을 터.

》 소냐 할러, '슈퍼버그들이 우글대는 체험 동물원, 여러 아이들에게 위험', 〈USA 투데이〉, 2019년 7월 2일, www.usatoday.com.

Day - 58

FACT : 어린 아이들은 마트에서 쇼핑카트에 타기를 좋아한다. 2011년의 한 연구에 따르면 그 **쇼핑카트들의 절반에서 대장균이 검출되었다.**

가끔은 지저분한 아이들을 호스로 씻어 내리는 것이 좋은 출발점이 될지도.

》 린다 캐롤, '쇼핑카트들의 절반에서 대장균 검출', NBC뉴스, 2011년 3월 1일, www.nbcnews.com.

Day - 59

FACT : 앞을 볼 수 있는 사람들에 비해 **맹인들은 네 배 더 많은 악몽을 꾼다.**

그래도 뉴스를 꼬박꼬박 읽는 사람들보다는 훨씬 덜한 것이다.

》 보 크리스텐슨, '맹인들, 앞을 볼 수 있는 사람들에 비해 악몽 네 배 더 꿔', 사이언스 노르딕, 2014년 10월 8일, https://sciencenordic.com.

Day - 60

FACT : 자연에 대한 사랑을 기념하는 의미로 대머리 독수리, 늑대 떼, 또는 위풍당당한 기니피그 문신을 하는 것에 대해 다시 한 번 생각해 봐야 할 듯. 그 문신에 사용되는 잉크는 대개 **죽은 동물의 뼈**를 태워 얻은 것이므로.

불타는 해골의 경우에는 불타는 해골로 만든다는 점에서 확실한 균형이 존재하긴 하지만.

》 팀 도넬리, '태운 뼈나 동물성 지방은 그만: 비건 문신을 찾아서', 〈애틀랜틱〉, 2011년 11월 13일, www.theatlantic.com.

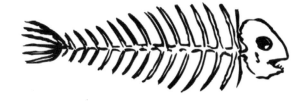

Day - 61

FACT : 세상을 떠난 사랑하는 이를 위해 비싼 관을 구입하고, 마찬가지로 값비싼 묘지에 그것을 안치한다면 당신으로서는 최선을 다해 애도의 뜻을 표한 것이다. 더워진 날씨에 **관이 폭발하기 전까지는**(폭발하는 관 증후군이라 불림). 어떤 영업사원들은 가스가 발생하는 시신이 든 관을 완전히 밀봉하는 것이 좋다고 말하기 때문이다.

이 인간계를 떠나는 방식들 가운데 폭발해 죽은 할아버지만큼 품위 없는 것도 없을 터.

》 조쉬 슬로컴, '폭발하는 관에 대해 알아야 할 것', 〈워싱턴 포스트〉, 2014년 8월 11일, www.washingtonpost.com.

Day - 62

FACT : 많은 사람들이 쥐를 혐오스럽게 생각하지만, 흑사병 시대 이후로 쥐가 우리 인간에게 실질적으로 해를 입힌 적은 없지 않은가? 사실, 쥐들은 비록 전처럼 병을 많이 퍼뜨리지는 않지만 여전히 **우리가 먹는 식품의 40퍼센트가량을 오염**시키고 있다. 쥐들은 자기들이 먹지 않는 음식에는 똥오줌을 싸놓음으로써 아주 단호한 감정가들 외에는 그 음식을 먹지 못하게 한다.

번외 사실: 쥐 한 마리는 1년에 2만5천 개의 똥을 싼다. 다음에 잘 차려진 만찬 자리에서 이 소소한 주제로 대화를 시작해 보면 어떨지.

》 '쥐와 생쥐', 인디애나주 보건부, www.in.gov.

Day - 63

FACT : 낯선 사람 옆, 또는 남의 집 뒷마당에서 잠을 깨고 나서야 전날 밤에 과음을 했음을 깨달을 때가 있다. 그리고 폴란드에서 살아 있는 한 남성이 **지퍼가 잠긴 시체 가방 안에서 깨어나** 과음했다는 것을 뼈저리게 실감했다. 그는 술을 너무 많이 마셔서 혼수상태에 빠졌고, 생체 신호도 아주 약해서 다들 그가 죽었다고 생각했다.

듣자하니 누군가는 그의 얼굴에 마커로 남성의 성기 모양을 여러 개 그려놓기도 했다고.

》 마크 몰로이, '곤드레만드레: 거나한 밤을 보낸 남성, 영안실 시체 가방 속에서 깨어나', 〈메트로〉, 2013년 11월 6일, https://metro.co.uk.

Day - 64

FACT : 프랑스의 해안 도시 브레스트에는 **가까이에 있는 누구에게나 성적 공격을 가하기**를 즐기는 자파(Zafar)라는 이름의 돌고래가 있다. 한 여성이 그 호색적인 돌고래 때문에 궁지에 몰려 보트로 구조를 당하는 일까지 발생하자 시 당국은 수영을 금지시켜야 했다.

이제 여성들은 상의 탈의를 해서는 안 된다.

》로리 멀홀랜드, '성적 욕구불만인 돌고래 자파, 프랑스 해변의 관광객들 위협', 〈텔레그래프〉, 2018년 8월 27일, www.telegraph.co.uk.

Day - 65

FACT : 일리노이주 교외 지역의 어느 집에는 **바퀴벌레가 하도 많** 아서, 시에서 그 집 전체를 싹 다 태워버릴 수밖에 없었다.

이 일이 정말 대단한 보험 사기였을 가능성도 아주 조금은 있다.

》 '파나의 바퀴벌레 집 전소', WAND, 2010년 11월 1일, www.wandtv.com.

Day - 66

FACT : 아침에 볼에 가득 담은 시리얼을 즐겨 먹는다면, **알레르기를 일으키고 병을 옮기는 아카루스(Acarus) 진드기도 함께 먹었을 가능성이** 21~38퍼센트이다.

그러므로 아삭아삭, 바삭바삭, 퐁퐁 소리 사이에 간혹 유충낭이 파열되는 '퍽' 소리가 날 수 있으니 놀라지 말기를.

》 B.B. 신드, P.G. 클라크, '인간 소비용 곡물 식품들에서의 진드기 발생과 감염의 결과들', 미국 국립 의학 도서관, 2001년, www.ncbi.nih.gov.

Day - 67

FACT : 모든 상점, 음식점, 체험 동물원 등에서 손 소독제가 널리 사용되고 있는데, 만일 그에 대한 알레르기가 심해 병원에 실려 갈 정도라면 정말 악몽이 따로 없을 것이다. 더구나 당신이 초등학교 선생님인데 **4학년 아이들이 당신을 죽이려고** 온 책상 위에 그것을 짜 놓았다면 상황은 더 심각해진다. 이는 몇 년 전 뉴욕주 엘바에서 실제로 일어났던 일이다.

그 이후 그 선생님은 훨씬 안전한 직업인 베링해 게잡이 어부가 되었다고.

》 '경찰, 4학년 여학생들이 손 소독제로 교사 살해 계획했다고 밝혀', ABC 7 WJLA, 2015년 1월 11일, https://wjla.com.

Day - 68

FACT : 필라델피아에서는 한 여자아이의 생일 파티 중에 하늘에서 **인분 덩어리들**이 그 아이와 초대된 손님들 머리 위로 떨어져 파티가 엉망이 되었다. 그들 위를 날아가던 비행기가 화장실의 배설물을 방출한 것으로 여겨진다.

다음번에 공군이 어떤 나라를 폭격하고자 한다면 이 방법을 써 봐도 좋을 듯.

》 린제이 킴블, '하늘에서 내린 인분, 어여쁜 열여섯 살 생일파티 망쳐', 〈피플〉, 2015년 5월 22일, https://people.com.

Day - 69

FACT : 30년 전부터 북아메리카와 남아메리카의 길거리에 박혀 있는 자동차 번호판 크기의 도자기 타일들이 발견되고 있다. 누가 그 것들을 거기에 박아 놓았는지, '토인비 아이디어: 큐브릭의 2001년, **목성 위에서 죽은 자가 부활하리라**'와 같은 그 위에 적힌 문자들이 무슨 의미인지 아는 사람은 아무도 없다.

뭐, 뻔한 것 아닌가. 그건 시간여행 중인 공공 근로자가 남긴 메시지이 고, 목성은 완전히 망했다.

》 조엘 로즈, '토인비 타일 미스터리, 필라델피아에서 부활', NPR, 2006년 9월 23 일, www.npr.org.

Day - 70

FACT : 카자흐스탄 북부 카라치라는 마을의 사람들 사이에 이유를 알 수 없는 **기면증(통제 불가능한 졸음)이 유행**하고 있다. 경우에 따라서는 그 증상이 너무 심한 나머지 혼수상태에 빠지기도 하는데, 인근에 있는 우라늄 광산과 관계가 있다는 것이 유일한 이론이다. 하지만 광산에 그들보다 더 가까이 사는 사람들은 그런 증상이 없으며 방사선 검사도 모두 음성이었다.

만일 그들이 치료제를 찾아냈다면 우리는 그것을 백신으로 만들어 미국의 10대들이 학교에 늦지 않게 일어나도록 할 수 있을 터.

》 조애나 릴리스, '잠든 마을: 카자흐스탄 학자들을 당혹케 한 미스터리한 병', 〈가디언〉, 2015년 3월 18일, www.theguardian.com.

Day - 71

FACT : 오늘날 에어백과 같은 여러 혁신들 덕분에 자동차 여행이 훨씬 더 안전해졌다. 단, 에어백을 만드는 사람들이 고의로 자동차 생산업체에 **폭발 가능성이 높아 당신을 죽음에 이르게** 할 수 있는 물건을 팔지만 않는다면. 이는 6천4백만 대의 차량 리콜 사태로 번진 일본 타카타 사의 발화성 높은, 형편없는 에어백에 딱 들어맞는 설명이다.

바로 이것이 안전 제품을 만드는 회사에서 색다르게 폭발하는 시가 (cigar) 같은 분야의 종사자를 CEO로 고용해서는 안 되는 이유이다.

》 팀 마신, '타카타 에어백 리콜 사태, 생각보다 심각: 보고에 따르면 미국 내 8대 중 1대가 해당 돼', 인터내셔널 비즈니스 타임스, 2016년 7월 13일, www.ibtimes. com.

Day - 72

FACT : 플로리다의 '불법 방해(nuisance) 악어'들의 공격 장소는 사람들의 집, 수영장, 심지어는 차까지도 포함된다.

아직까지는 그 악어들이 협상에 응하지 않는 것으로 확인되었다.

》 대니얼 피게로아 IV, '플로리다에서 악어들의 공격 증가. 학자들에 따르면, 원인은 인간', 〈탬파 베이 타임스〉, 2018년 8월 23일, www.tampabay.com.

Day - 73

FACT : 지저분한 낡은 스펀지는 버리도록. 온갖 세균의 **온상으로 재빨리 탈바꿈**하여 고약한 질병들을 일으킬 수 있으니까.

아니면 그것들을 핼러윈 때 나누어 주던지.

》 조애나 클라인, '우리는 당신의 더러운 스펀지에 관해 좀 더 이야기해볼 필요가 있다', 〈뉴욕 타임스〉, 2017년 8월 11일, www.nytimes.com.

Day - 74

FACT : '라즈베리 미친 개미'라고 하면 꼭 초등학생 딸들이 사달라고 조르는 우스꽝스러운 휴대전화 애플리케이션의 제목 같지만, 이것은 실존하는 곤충으로 **미국에 쳐들어와 가는 곳마다 큰 피해를 일으키고 있다.** 물리면 아프다거나 소풍을 망쳐 놓는 솜씨 때문이 아니라, 그들이 전자기기 안에 집을 짓기를 좋아하기 때문이다. NASA 컴퓨터를 고장 내거나 발전소의 기계 장치들을 엉망으로 만드는 것을 비롯해, 엑스박스들을 망가뜨림으로써 많은 이들의 생활을 망쳐 놓고 있다.

주말에 온라인 사격 게임을 못 하게 하는 것은 명백한 선전포고나 다름없다.

》 매트 윌리엄스, '미친 개미들, 텍사스 정부 컴퓨터 고장 내', 〈거번먼트 테크놀로지〉, 2008년 12월 31일, www.govtech.com.

Day - 75

FACT : 아이들이 동네 아이스크림 트럭에서 울려 퍼지는 즐거운 음악 소리를 따라 달려가는 것만큼 건전한 일이 있을까? 글쎄, 부디 아이들이 메스암페타민과 헤로인이 아닌 아이스캔디와 쭈쭈바를 찾기를 바라자. 왜냐하면 아이스크림 트럭들은 마약상들의 위장 수법이라는 길고도 추악한 역사를 갖고 있기 때문이다. **그중에는 조직을 위해 일하는 연쇄살인범도 있다.**

아이 스크림, 유 스크림, 위 올 스크림(I scream, you scream, we all scream, 내가 소리 지르고, 네가 소리 지르고, 우리 모두 소리 지른다), 방금 아이스픽이 목에 닿았으니까.

》 레일런 브룩스, '마약을 파는 아이스크림 트럭, 뉴욕의 길고도 유명한 전통', 〈빌리지 보이스〉, 2013년 8월 7일, www.villagevoice.com.

Day - 76

FACT : 딸꾹질은 짜증나긴 하지만 보통은 금방 멈춘다. 그러나 이틀 이상 지속된다면 심각한 문제의 징후일 수 있다. 때로는 딸꾹질이 삶을 잠시의 멈춤도 없이 계속 이어지는 악몽으로 만들어버릴 수도 있는데, **60년 동안 매일 딸꾹질을 했던** 아이오와주 안톤의 찰스 오스본이 바로 그런 경우다.

알코올중독자 모임 회원들은 그를 머저리로 여겼을 것이다.

》 코니 싱어, '딸꾹질 멈추는 법? 은퇴한 농부 찰스 오스본은 숨을 참지 못했다 - 60년간의 딸꾹질', 〈피플〉, 1982년 3월 29일, https://people.com.

Day - 77

FACT : 6월의 어느 화창한 날, 콜로라도주 그랜비에서 자동차 머플러 가게를 운영하던 마빈 히메이어는 한동안 품고 있었던 정교하고 사악한 계획을 실행에 옮겼다. 여러 가지 이유로 지방정부에 화가 나 있던 그는 **불도저에 방탄 콘크리트와 철판들을 붙인 '킬도저'를 만들었고,** 마침내 아무 것도 모르는 시민들이 있는데도 불구하고 공격을 개시해 7백만~1천만 달러 규모의 피해를 입힌 뒤 스스로 목숨을 끊었다.

더 많은 친구를 사귀려면 킬도저보다는 러브도저가 더 낫다는 걸 몰랐을까?

》 존 아귈라, '15년 전, 무장한 불도저로 콜로라도 마운틴 타운을 공포에 빠트렸던 마빈 히메이어 사건', 〈덴버 포스트〉, 2019년 6월 3일, www.denverpost.com.

Day - 78

FACT : 테리 톰슨은 오하이오주 제인스빌에서 꽤나 다양한 외래 동물들을 개인적으로 수집했다. 또한 그는 우울증을 앓고 있었다. 그 끔찍한 조합의 결과, 그는 인근 주민들에게 해를 끼치고자 **공격적인 사자, 호랑이, 곰, 늑대, 그리고 원숭이들을 떼로 풀어놓았다.** 그는 기소조차 되지 않았는데, 경찰이 발견했을 때 이미 스스로 목숨을 끊은 상태였기 때문이다. 그러나 그는 맨 먼저 먹잇감이 되려고 했는지, 죽기 전 자기 몸을 닭 내장들로 덮어두었다.

당신이 보안관 대리라면, 거기서 그냥 배지를 창밖으로 던진 다음 어디로든 8시간 동안 차를 몰기 시작할 터.

》 크리스 히스, '오하이오 주에서 호랑이 18마리, 사자 17마리, 곰 8마리, 퓨마 3마리, 늑대 2마리, 개코원숭이 1마리, 짧은꼬리원숭이 1마리, 그리고 사람 1명 사망', 〈지큐〉, 2012년 2월 6일, www.gq.com.

Day - 79

FACT : 펜션을 구입하기 전에는 굴뚝 안을 확인하도록. 2016년에 있었던 일처럼, 어쩌면 **8년간 실종상태였던 죽은 밀레니얼**이 그 안에 끼어있는 것을 발견할 수도 있으니까.

적어도 그 발견으로 반경 5백 킬로미터 내의 모든 캠핑객들을 쫓아버릴 수 있었다.

》제시 폴, '굴뚝 발견으로 청년 실종 미스터리 종지부, 하지만 의문점들 남아', 〈덴버 포스트〉, 2016년 4월 20일, www.denverpost.com.

Day - 80

FACT : 야생 칠면조들은 가끔 광신자들이 제물을 두고 하는 것처럼 도로 한가운데에서 죽은 동물 주위를 빙빙 돈다.

그리고 그것들이 단도를 들고 한 목소리로 "칼리마"를 외친다는 건? 지극히 자연스러운 일이다.

》 에릭 캠벨, '죽은 고양이 주위를 빙빙 도는 칠면조', 유튜브, 2017년 3월 3일, www.youtube.com.

Day - 81

FACT : 더할 나위 없이 귀여운 슬로 로리스라는 동물은 동남아시아에서 왔으며, 아주 중요한 문제에 대한 결단력이 끔찍이도 부족한 사람들 사이에서는 이국적인 반려동물로 인기가 있다. 왜냐하면 이들은 독이 있는 유일한 영장류로, **겨드랑이 분비샘에서 독을 분비**하기 때문이다.

묘비명으로 '독 원숭이의 공격으로 사망'은 좀 심한 말이다.

》 슈레야 다스굽타, '치명적이 된 귀여움 - 독이 있는 슬로 로리스에게 물렸다가 살아남은 야생 생물학자의 이야기', 몽가베이, 2014년 10월 24일, https://news.mongabay.com.

Day - 82

FACT : 좋아하는 아시아 음식점에서 식사를 할 때 젓가락이 어디서 만들어졌는지에 대해서는 너무 깊이 생각하지 말도록. **젓가락 생산 공장들은 보통 바이커들을 위한 간이 휴게소의 화장실보다 더 지저분하다.** 그리고 물론 생산 과정에서 온갖 유해 화학물질들이 사용된다는 것 역시 최대한 무시하는 편이 좋다.

주방용 고무장갑을 끼고 있다면 그냥 손으로 음식을 먹는 게 나을지도.

》 줄리엣 송, '일회용 중국산 젓가락을 사용하면 안 되는 이유 5', 〈에포크 타임스〉, 2016년 2월 5일, www.theepochtimes.com.

Day - 83

FACT : 매년 거의 1천만 명의 미국인들이 실내 태닝 부스를 이용한다. 그러니 지난 30년간 **1인당 흑색종(melanoma) 발병 증가율**이 1백 퍼센트나 된 것도 우연은 아닐 듯.

하긴, 태닝 베드가 정말 관처럼 생기기는 했지.

》 '태닝 베드를 피하게 될 충격적 통계', 미국 피부과학 아카데미, 2017년 4월 28일, www.aad.org.

Day - 84

FACT : 14세기 이탈리아에 살았던 시에나의 성 카타리나(Saint Catherine of Siena)는 신앙심과 이타심으로 유명했다. 덕분에 그녀가 죽은 뒤 분할된 **그녀의 신체 부위들은 이곳저곳으로 흩어져** 종교적 유물로 이용되고 있다. 예를 들어 그녀의 손가락과 발가락은 베니스의 어느 교회에, 갈비뼈는 플로렌스에 있으며, 분리된 머리는 그녀의 고향인 시에나에서 유리 안에 든 채 전시되고 있다.

아마도 그 유리는 10대들이 그녀의 입 속에다 담배를 끄는 일이 없도록 하기 위함인 듯.

》 '시에나의 성 카타리나의 성스러운 머리', 스트레인지 리메인스, 2017년 3월 27일, https://strangeremains.com.

Day - 85

FACT : 이동식 푸드 트럭들(이들은 '바퀴벌레 마차들(roach coaches)'이라 불리는 것을 좋아하지 않음)이 직장인들의 점심 식사 장소로 점차 인기를 끌고 있다. 그 결과, 푸드 트럭 폭발 사고도 증가 중이다. 많은 규제들이 시행되고 있지만 프로판가스, 가솔린과 불꽃과의 인접성 때문에 필라델피아에서 텍사스에 이르기까지 **굉장히 치명적인 불덩어리가 솟아오르고 있다.**

그래도 어떤 이들은 기름진 부리토의 매력이 충분히 그런 위험을 감수할 만하다고 여긴다.

》 노엘 스완, '필라델피아 푸드 트럭 폭발: 이동식 주방, 얼마나 안전한가?', 〈크리스찬 사이언스 모니터〉, 2014년 7월 2일, www.csmonitor.com.

Day - 86

FACT : 그냥 거머리도 나쁘지만, 페루의 '폭군 왕(Tyrant King)' 거머리는 구멍들을 겨냥해 톱니 모양의 이빨로 피를 빨아먹는다.

의사에게 잘 듣는 방어용 좌약을 처방받지 않은 이상, 페루에서 알몸으로 수영하는 것은 경솔한 행동이다.

〉〉 브랜든 카임, '거머리 계의 티라노사우루스, 아마존 수영객들의 콧속에서 발견', 〈와이어드〉, 2010년 4월 14일, www.wired.com.

Day - 87

FACT : 때로는 암 세포들이 기증 받은 장기를 통해 들어와 림프종으로 인한 사형 선고를 내리기도 한다.

저 위에 있는 누군가가 당신을 아주, 아주 미워한다.

》레이첼 레트너, '장기 기증자의 암 세포가 네 사람에게 퍼진 '이례적인' 사건', 라이브 사이언스, 2018년 9월 15일, www.livescience.com.

Day - 88

FACT : 일본의 후타쿠치 온나(입이 두 개인 여자) 전설은 **뒤통수**
에 달린 커다란 두 번째 입으로 악을 저질러 벌을 받은 기혼 여성에
대한 이야기이다. 그 뒤통수 입은 항상 굶주린 상태라 계속 먹여야지,
안 그러면 큰 소리로 불평을 하고 피해자에게 고통을 가한다.

이런 일종의 불공평한 이점 때문에 이 여성은 핫도그 많이 먹기 대회에
서 분명 실격 당할 터.

≫ '후타쿠치 온나', 요카이, http://yokai.com.

Day - 89

FACT : 뉴멕시코주 타오스에 사는 어떤 사람들은 사막 공기 속에서 끊임없는 저주파 소리가 들린다고 제보했다. 어떤 이들은 이 타오스 험(Taos Hum)이 특이한 음향 때문이라고 하고, **또 어떤 이들은 비밀스럽고 사악한 목적이 있다며 의심을 품는다.** 그 소리의 정확한 원인은 확인되지 않았다.

그냥 그 소리를 따라 흥얼거리며 도마뱀 인간들이 오기를 기다려 보면 어떨까.

》 '설명되지 않은 현상들 톱 10', 라이브 사이언스, 2016년 3월 24일, www.livescience.com.

Day - 90

FACT : 로마 황제 가이우스(Caligula)는 자기 말을 너무 자랑스럽게 여겨서 그 동물에게 원로원 의원 자리를 주었다고 한다.

오늘날 미국에서도 이런 관습이 이어지고는 있지만, 우리 정치권에서는 말 전체가 아니라 말 엉덩이('horse's ass'는 멍청구리라는 뜻-옮긴이)만을 허락한다.

》메리 비어드, 〈SPQR: 고대 로마 역사〉(Liveright, 2015)

Day - 91

FACT : 만세! 고통스러운 독을 지닌 새로운 벌을 찾았다! 메갈라라 가루다(Megalara garuda, 흔히 '벌들의 왕'이라 불림)라는 학명을 가진 이 거대한 벌은 몸길이가 5센티미터가 넘으며, 수컷의 경우 **자기 머리를 감쌀 수 있을 정도로 엄청나게 큰 턱**을 갖고 있다. 그래, 먼저 성급히 만세를 부른 것을 취소한다.

더 나쁜 건, 그 턱이 당신을 불편하리만치 오래 껴안는 데에 사용될 수 있다는 점이다.

》 보도진, '메갈라라 가루다: 벌들의 새로운 왕 발견', 사이언스 2.0, 2012년 3월 23일, https://science20.com.

Day - 92

FACT : 걸쭉하고 맛있는 그릭 요거트를 좋아하는가? 그런데 그것의 생산 과정에서 걸러진 산성 유청이라는 부산물은 환경에 끔찍한 영향을 미친다. 그리고 그릭 요거트를 만드는 회사들은 자기네 상품의 인기 상승에만 급급할 뿐 아직도 **수많은 물고기들의 죽음을 막는 방법을 알아내지 못하고 있다.**

하지만 만일 그 물고기들도 마찬가지로 크리미하고 맛있어진다면, 그것이 바로 윈윈(win-win) 아닌가?

》 '그릭 요거트의 유독 폐기물이 수로를 망친다', 폭스 뉴스, 2013년 5월 29일, www.foxnews.com.

Day - 93

FACT : 100년 만에 처음으로 **미국의 기대 수명이** 감소하고 있다.

버킷리스트 실천을 미루고만 있었다면, 당장 뛰어드는 게 나을 듯.

》 C.K., '미국의 기대 수명이 다시 감소하는 이유', 〈이코노미스트〉, 2018년 12월 6일, www.economist.com.

Day - 94

FACT : 사슴이 짝짓기 철에 뿔을 얼마나 세게 부딪치는지 아는가? 가끔은 뿔이 엉켜 한 놈의 목이 잘리기도 하는데, 그러면 다른 놈은 그 머리가 썩어 없어질 때까지 들고 다닌다.

앉아서 하루 종일 "못 볼 걸 봤어, 맙소사"라고 중얼거리는 사냥꾼이 왜 그러는지 이제 알겠다.

》 브래드 도큰, '자연의 잔인성을 보여주는 뿔 얽힌 노스다코타 수사슴들, 한 마리는 목 잘려', 〈덜루스 뉴스 트리뷴〉, 2018년 1월 29일, www.duluthnewstribune.com.

Day - 95

FACT : 박물관에서 볼 수 있는 뼈들을 청소하는 데에는 많은 노력이 요구된다. 그런데 때로는 이 일을 사람이 아닌 곤충이 하기도 한다. 예를 들어, 시카고의 필드 자연사박물관에서는 육식성 딱정벌레들이 있는 방에 죽은 동물들을 놓아둠으로써 그 작은 육식 동물들이 마지막 남은 조직들을 갉아먹을 수 있도록 한다.

초등학생들에게 완벽한 현장학습의 기회가 될 듯.

》 크리스토퍼 보렐리, '필드 자연사박물관 안에 숨어있는 육식성 딱정벌레의 방', 〈시카고 트리뷴〉, 2014년 10월 27일, www.chicagotribune.com.

Day - 96

FACT : 모기가 짜증난다고? 피를 빨아먹는 나방은 어떤가. 이 시베리아의 흡혈 나방은 **날카로운 주둥이로 피부를 뚫어 동물의 피를 빼낸다.** 그것에 물리는 불행을 겪은 사람들은 일반적으로 날아다니는 기생충한테 물리는 것보다 훨씬 안 좋다고 제보했다.

다음번 가족 휴가를 시베리아 여행으로 하면 안 되는 구실을 찾고 있다면 도움이 될 듯.

》케빈 피츠제럴드, '척추동물의 피를 빨아먹는 흡혈 나방, 사람도 포함', 엔터몰로지 투데이, 2015년 10월 30일, https://entomologytoday.org.

Day - 97

FACT : 올 여름 캠핑이나 선상 가옥에서 휴가를 보낼 계획이라고? 회선 사상충(Onchocerca volvulus)을 옮기는 흑파리를 막으려면 방충제를 듬뿍 바르는 편이 좋을 듯. 당신의 피부 속에 회선 사상충의 유충이 유입되면 강변 실명증(river blindness)에 걸린다. 이 병에 걸리면 **가려움이 너무 심해서 자살까지 하게 만든다고 한다**(실명하는 것은 물론이고).

그저 약간의 구역질이 날 뿐인 셀린 디온의 노래 '강은 높고 산은 높아' 와 헷갈리지 말기를.

》 '회선 사상충증', 미국 질병통제예방센터, www.cdc.gov.

Day - 98

FACT : 갤럽 조사 결과 **미국인 네 명 중 한 명**은 태양이 지구 주위를 돈다고 믿고 있다.

잠깐, 그게 아니야?

》 '조사 결과, 미국인 넷 중 하나는 태양이 지구 주위를 돈다고 믿어', NPR, 2014, www.npr.org.

Day - 99

FACT : 한동안 먹거나 씻기를 거부하고, 묘지에서 시간을 보내고 싶은 충동을 느낀다고? 어쩌면 **걷는 시체 증후군으로도 알려진** 코타르 망상(Cotard delusion)에 걸린 것일 수 있다. 이는 자신이(또는 자기 몸의 일부분이) 죽었다고 굳게 믿는 상태이다.

———————

그리고 뇌를 극도로 갈망하게 된다면, 그때는 진짜 걱정을 해야 할 때다.

》 낸시 모이어, '코타르 망상과 걷는 시체 증후군', 헬스라인, 2018년 1월 2일, www.healthline.com.

Day - 100

FACT : 플로리다에는 '테구'라고 불리는 엄청 크고, **고양이를 먹는 도마뱀들**이 우글댄다.

좀 덜 걱정스러운 것들이 우글대면 안 되는 걸까? 예를 들면 과격한 육식성 침팬지들 같은.

》션 달리, '플로리다, 야생동물과 심지어는 반려동물들까지 먹어 치우는 테구 도마뱀 사냥 허가', ABC 액션 뉴스, 2018년 4월 5일, www.abcactionnews.com.

Day - 101

FACT : 머리가 빠지고, 아니면 이미 대머리가 되었다고? 그것 참 유감이다. 하지만 더 안 좋은 소식이 있으니, 당신은 **심장병에 걸릴 확률도 32퍼센트 더 높다.**

의사들은 운동과 두발 이식을 통한 엄격한 섭생을 추천한다.

》새라 글린, '대머리가 관상동맥성 심장병에 걸릴 확률 더 높아', 메디컬 뉴스 투데이, 2013년 4월 4일, www.medicalnewstoday.com.

Day - 102

FACT : 월요병에 시달리고 있다고? 그래도 새끼발가락이 그냥 떨어져버린 것에 비하면, 뭐. 자연 손발가락 절단증(Dactylolysis spontanea)은 당신의 가장 작은 손발가락(때로는 다른 손발가락)이 **저절로 절단되어버리는** 현상을 일컫는 말이다. 이것은 갑자기 일어 날 수도 있고 몇 년이 걸리기도 한다. 알려진 치료법은 없으며 학자들 도 왜 이런 일이 생기는지 알지 못한다.

설상가상으로, 대부분의 네일숍들은 페디큐어 할인 같은 건 해주지 않 는다.

》 에스더 잉글리스 아켈, '발가락이 저절로 떨어져버리는 경우가 있는데 아무도 그 이유를 모른다', 기즈모도, 2015년 11월 3일, https://gizmodo.com.

Day - 103

FACT : 땅콩 알레르기는 심각한 문제이며, 이 알레르기가 없다면 다행으로 여겨야 한다. 다만 2007년부터 2009년 사이, 미국 PCA사 (Peanut Corporation of America)가 돈을 아끼기 위해 자사의 **견과류 제품들이 살모넬라균에 오염된 사실을 알면서도 판매했던** 때에 땅콩을 먹었다면 알레르기 여부에 상관없이 병에 걸렸을 터.

미스터 피넛은 좋은 사람처럼 보이지만, 아무래도 외알 안경을 쓴 사람은 절대 믿어서는 안 되는 듯.

》 모니 바수, '살모넬라균에 28년 형: 땅콩 회사 경영자, 전례 없던 형 선고 받아', CNN, 2015년 9월 22일, www.cnn.com.

Day - 104

FACT : 10대들은 앞으로 수많은 일들을 경험하게 된다. 그리고 그들 중 일부가 경험하는 패리 롬버그 증후군(Perry-Romberg syndrome)은 **얼굴 한쪽의 피부와 조직이 말린 사과처럼 함몰되는 병이다.** 이때 얼굴의 다른 쪽에서는 잦은 발작과 근경련이 일어나기도 한다.

좋은 소식은 당신의 데이트 상대가 여드름 따위는 그다지 신경 쓰지 않으리라는 것.

》저스틴 빅스, 스테판 매티스, 장 필립 누, '패리 롬버그 증후군의 신경학적 증상들: 2건의 사례 보고', 메디신, 2015년 7월, www.ncbi.nlm.nih.gov.

Day - 105

FACT : 쌀에는 단백질, 비타민, 그리고… 비소가 들어 있다. 무시해도 될 정도의 소량이 아니라, **자식들이 중독된다는 생각만 해도 달갑지 않은** 부모들의 눈살을 찌푸리게 할 만큼 많이. 쌀 시리얼 1인분에만도 앞서 언급한 치명적인 독이 주당 허용치에 달하거나 초과될 정도로 함유되어 있다.

이것이 의심 가는 브랜드들을 피해야 하는 이유들 중 하나이다.

》 '당신의 쌀에는 비소가 얼마나 들어 있나?', 〈컨슈머 리포트〉, 2014년 11월 18일, www.consumerreports.org.

Day - 106

FACT : 온딘의 저주(Ondine's curse)는 전설 속의 이야기처럼 들리지만, 완전한 수면을 즐기는 사람들에게는 대단히 현실적이면서도 정말 저주나 다름없는 일이다. 이 신경학적 장애는 **뇌에서 호흡을 책임지는 부분이 제 기능을 못하도록 하므로,** 수면상태가 질식사로 이어질 수 있다.

그러고 보니 동화 〈잠자는 숲속의 공주〉가 훨씬 더 역겹게 느껴진다.

》 하이디 모아와드, MD, '온딘의 저주: 원인, 증상과 치료', 뉴롤로지 타임스, 2018년 4월 17일, www.neurologytimes.com.

Day - 107

FACT : 기후 변화 때문에 칠면조 독수리(Turkey vulture)들이 앨라배마, 조지아 같은 미국 남부 주들에서 **가정집 뒤뜰을 어슬렁대며** 겨울을 보낸다.

곧 닥칠 죽음에 대해 끊임없이 상기시켜주는 것은 좋은 듯.

》 브랜든 스니드, '남부의 작은 마을이 칠면조 독수리의 침입에 대응하는 법', 아웃사이드 온라인, 2013년 3월 13일, www.outsideonline.com.

Day - 108

FACT : 키가 큰 사람들은 **혈전과 암이 생길 확률이 더 높다.**

반면에 키가 작은 사람들은 침대에 올라가기 위해 그 짧은 사다리를 올라가면서도 떨어져 죽을 각오를 해야 한다.

》 댄 그레이, '키 큰 사람들이 암에 걸릴 위험이 더 높은 이유', 헬스라인, 2018년 11월 5일, www.healthline.com.

Day - 109

FACT : 고양이 배설물은 당신의 뇌를 손상시킬 수 있다. 고양이 똥에는 톡소플라즈마 곤디(Toxoplasma gondii)라는 기생충이 들어 있을 수 있는데, **이것은 조현병, 분노 조절 장애를 일으킬 가능성이 있으며** 몇 년 동안 발견되지 않는 경우도 있다.

게다가 고양이 똥이 신발에 들어간다면 두 배로 분노할 듯.

≫ 크리스토퍼 완제크, '고양이 배설물 기생충이 당신을 분노 중독자로 만든다?' 라이브 사이언스, 2016년 3월 23일, www.livescience.com.

Day - 110

FACT : 루바브 잎에는 **많으면 독이 될 수 있는** 수산염이 다량 함유되어 있다. 수산염이 소량 함유된 줄기는 좋은 변비약 역할을 한다.

사람이 절대 먹어서는 안 될 음식들이 있는데, 루바브는 그 중에서도 손에 꼽힌다. 당신을 중독 시키거나 바지에 똥을 싸게 만드는 게 그 증거이다.

》 폭스 뉴스, '아마도 당신의 부엌에 있을 치명적인 음식 10', 2014년 1월 31일, www.foxnews.com.

》 이안 쇼, 〈먹어도 될까? - 먹는 것을 즐기고 음식의 위험 최소화하기〉(스프링어, 2005), 127.

Day - 111

FACT : '라자루스 징후(Lazarus sign)'는 뇌사 상태에 빠진 사람이 일주일 내에 반사적으로 양팔을 교차시키는 것을 말한다. 그것은 마치 이집트 미라의 모습처럼 보이며, 보는 사람들은 **죽은 사람이 다시 살아났다고** 생각할 수도 있다.

그리고 시체가 구부린 팔 안쪽으로 머리를 툭 떨구고 반대쪽 팔도 같은 방향으로 들어 올리는 것은 대빙(dabbing) 효과라 부른다.

》 문지원, 현동근, '장기간 뇌사 상태인 환자들에게서 나타난 라자루스 징후', 대한신경손상학회지, 2017년 10월 9일, www.ncbi.nlm.nih.gov.

Day - 112

FACT : 평균 약 213제곱센티미터인 사람의 입 속에는 **7백 종이 넘는 세균들이** 살며, 이로써 몸 전체에서 가장 비위생적인 부분이다.

'직장(rectum)'이라고 생각한 사람도 있을 텐데, 직장은 간발의 차로 2위에 올랐다.

》 트레이시 벤스, '입 속 수많은 세균들을 파헤치다', 〈사이언티스트〉, 2014년 6월 18일, www.the-scientist.com.

Day - 113

FACT : 고대 바빌론의 함무라비 법전은 노예 학대는 금지했지만, 노예들의 이마에 낙인을 찍고 그 표시를 숨기는 것을 금지했다.

함무라비 복장 법전에서 헤어밴드를 금지한 이유가 바로 그것일 터.

》 아이작 아시모프, 〈아이작 아시모프의 진실의 책〉(헤이스팅스 하우스, 1979)

Day - 114

FACT : 매일 세 시간 이상 텔레비전을 보면 **일찍 죽을** 확률이 두 배는 높아진다.

단 〈풀러 하우스〉를 본다면 지루해서 죽을 터.

》스펙테이터 헬스 리포터, '매일 세 시간씩 티브이 시청, 일찍 죽을 위험 높여', 스펙테이터 라이프, 2015년 10월 28일, https://life.spectator.co.uk.

Day - 115

FACT : 독일의 한 연구에서 독일 축구팀이 월드컵 경기에 나가는 날에는 급성 심장사(sudden cardiac death)가 증가한 것으로 밝혀졌다.

심지어 경기에서 이겨도 독일인 수천 명은 더 쇼크사할 터.

》 코코 밸런타인, '사람이 겁이 나서 죽을 수도 있을까?', 〈사이언티픽 아메리칸〉, 2009년 1월 30일, www.scientificamerican.com.

Day - 116

FACT : 맨해튼의 명소들을 구경하고 스태튼 아일랜드에서 자유의 여신상을 본 후에는, 퀸즈와 브루클린 사이에 있는 더 홀(the Hole)이라는 구역에서 오붓한 시간을 보내 보도록. 여기는 뉴욕에서 가장 우울한 곳인 동시에, **수십 년간 갱단의 시체 투기 장소로도** 이용되었다.

밤에 잘 들어보면 배신자의 날카로운 외침이 들린다고 한다. 도처에 깔린 쥐들이 내는 소리일 수도 있지만.

》 알렉산더 나자리안, '뉴욕의 가장 어두운 비밀: 마피아의 무덤 더 홀, 사람들이 감히 못 들어가', 〈인디펜던트〉, 2015년 8월 14일, www.independent.co.uk.

Day - 117

FACT : 바퀴벌레를 좋아한다면 남아프리카공화국에 꼭 한 번 가 보도록. 그곳의 토착종들 중 하나는 **당신의 얼굴로 뛰어오르는 능 력**이 메뚜기보다 두 배는 더 진화되었다고 하니 말이다.

그래서 남아프리카공화국의 해충 구제업자들은 번아웃에 걸리는 확률 이 높다고 한다.

》 데이브 모셔, '무릎에 용수철을 달고 뛰어오르는 바퀴벌레', 〈와이어드〉, 2011년 12 월 7일, www.wired.com.

Day - 118

FACT : 잉글리시 머핀 위에 꿀을 뿌려 먹기를 즐기는 사람이라면 다른 종류의 벌들은 서로 다른 종류의 꿀을 만든다는 사실을 알 것이다. 그리고 특히 독수리 꿀벌(vulture bee)은 **벌들 중 유일하게 썩은 고기를 수확한다**(보통은 죽은 짐승의 눈을 통해 들어가서)는 점에서 꽃가루를 모으는 다른 벌들과는 많이 다르다. 그 결과 당신의 입맛에 익숙한 꿀처럼 맛있다고는 할 수 없는 '고기' 꿀이 만들어진다.

다음 추수감사절 만찬 때 채식주의자 손님들을 화나게 할 생각이라면 완벽한 조미료가 되겠지만.

》데이비드 W. 루빅, '어느 군생 꿀벌의 불가피한 시식성(necrophagy)', 〈사이언스〉, 1982년 9월 10일, http://stri-sites.si.edu.

Day - 119

FACT : 식습관 개선에 관한 중요한 질문이 있다고? 의사한테는 물어보지 않는 편이 낫다. 그들 중 자신의 영양적 지식에 대해 확신하고 있는 비율은 25퍼센트에 불과하니까. 그도 그럴 것이, 의대를 다니는 내내 **일반적인 의사가 그 주제에 대해 다루는 시간은 20시간도 채 안 된다.**

그러나 75야드 거리 피치샷을 치려면 어떤 아이언을 써야 하는지를 물으면 대부분의 의사들이 잘 대답해줄 것이다.

》레니 번스타인, '당신의 의사는 영양이나 운동에 대해 잘 모른다고 말한다', 〈워싱턴 포스트〉, 2014년 6월 23일, www.washingtonpost.com.

Day - 120

FACT : 만일 당신이 죽어서 따뜻하고, 축축하고, 강알칼리성인 환경에 있게 된다면, 또 당신의 시신이 비바람, 곤충의 유충, 또는 기운찬 코요테에게 유린당하지 않는다면, 서서히 비누화(saponification)라 불리는 과정에 접어들게 된다. 그것은 **비누로 변한**다는 뜻의 고급 단어이다.

≫ '비누 미라란 무엇인가?', 큐리어시티, 2016년 5월 20일, https://curiosity.com.

Day - 121

FACT : 생선을 먹는 것은 심장에 좋으며, 또 **알츠하이머병에 걸**
릴 위험을 높인다고도 알려져 있다.

미국 고등학교 매점에서 파는 피시 스틱을 많이 먹으면 심한 설사를 경
험할 확률이 다섯 배는 높아질 것이다.

》 앨리스 파크, '생선, 수은, 그리고 알츠하이머병 위험', 〈타임〉, 2016년 2월 2일,
https://time.com.

Day - 122

FACT : 몇 년 전, 한 여성이 잠에서 깨어 보니 병원 수술대 위에 누워 있었다. 의사들은 **그녀의 장기들을 이식하기 위해 적출할 준비를** 하고 있었다.

"뭐, 이왕 이렇게 된 김에 묻는데, 당신은 이 신장에 어느 정도 애착을 갖고 있나요?"

》 시드니 럽킨, '의사가 장기 적출 준비를 하던 중에 깨어난 환자', ABC 뉴스, 2013년 7월 8일, https://abcnews.go.com.

Day - 123

FACT : 데모덱스 폴리쿨로룸(Demodex folliculorum, 모낭충)은 아주 특별한 종류의 진드기를 일컫는 학명이다. 이것이 특별한 이유는 당신과, 다리 여덟 개 달린 그 작은 벌레는 당신도 모르는 사이에 관계를 맺게 되기 때문이다. 모낭충은 **오직 각질만 먹고 살며**, 바로 이 순간 당신의 속눈썹 위에도 그것들이 꽤 많이 살고 있을 것이다.

의사에게 특수한 크림을 처방 받는 그런 상황과는 다르게, 당신은 그것들이 거기에 있는지조차 전혀 눈치 채지 못할 수도 있다.

》 크리스틴 체르니, '데모덱스 폴리쿨로룸: 당신이 알아야만 할 것', 헬스라인, 2019년 3월 7일, www.healthline.com.

Day - 124

FACT : 남아프리카의 블러드우드(bloodwood)는 이름을 참 잘 지었다. 평범한 수액 대신, **그 나무를 도끼로 자르면 걸쭉한 붉은색 진액이 나와**, 보는 이로 하여금 리지 보든을 떠올리며 끔찍한 시나리오를 쓰게 만든다. 호주에도 그와 비슷하게 충격적인 나무들이 있다. 당연히 그렇겠지.

그 나무는 톱을 들고 다가오는 사람에게 소리를 지르는 능력을 개발하는 중인데, 진화는 시간이 좀 걸린다는 점을 이해하도록.

》 앨리스 오브리, '프테로카르푸스 안고렌시스(Pterocarpus Angolensis)', 플랜츠 아프리카, 2003년 1월, http://pza.sanbi.org.

Day - 125

FACT : 서아프리카 앞바다에는 '원숭이 섬'이라 불리는 작은 땅이 있다. 이름은 듣기 좋지만, 사실 **그곳은 살인 성향이 있는 무서운 유인원들로 가득하다.** 정확히 말하면 침팬지들인데, 이들은 수년간 연구소에서 주삿바늘에 찔리며 인간에 대한 뿌리 깊은 증오를 키워 오다가 섬에 남겨진 것이다.

타잔이 이곳에서 자라지 않았으니 다행이지, 그게 아니었다면 크리스마스 선물을 본 어린 아이들처럼 제인을 갈가리 찢어버렸을 것이다.

》 존 로케트, '원숭이 섬: 공격적인 실험실 원숭이들, 라이베리아의 섬에서 활개', 뉴스 코프 오스트레일리아, 2018년 12월 5일, https://news.com.au.

Day - 126

FACT : 외계인 손 증후군(alien hand syndrome)으로 알려진 신경 질환에 걸리면 한 손이 무의식적으로 움직인다. 마치 그 손이 다른 사람의 것인 듯, **아니면 독자적인 생명체인 것처럼.** 이것에 걸린 사람은 자기 의지와는 상관없이 한 손이 자기 얼굴을 다정하게 쓰다듬는 느낌에 잠에서 깨기도 한다.

여기에 투렛 증후군(무의식적으로 특정 행동이나 말을 반복하는 증상-옮긴이)까지 합쳐진다면 어떤 짓을 저질러도 무사히 넘어갈 수 있을 듯.

》 라게쉬 파니카트, MD, 디파 파니카트, MD, 케네스 뉴전트, MD, '외계인 손 증후군', 프로시딩스(베일러대학교 메디컬 센터), 2014년 7월, www.ncbi.nlm.nih.gov.

Day - 127

FACT : 브라질을 여행할 때에는 하늘을 잘 살필 것(귀를 가리는 모자도 쓰고). 얼마 안 되는 집단생활 거미들 중 한 종류인 파라윅시아 비스트리아타(Parawixia bistriata) 떼가 **공중에 보이지 않는 거미줄을 잔뜩 치고 있을 때가 있는데,** 그 모습은 마치 그들이 날고 있거나 어떤 초자연적인 존재가 하늘에 거미 비를 내리는 것이 합당하다고 여기는 듯한 인상을 준다.

누군가는 분노한 하나님이 한낱 피와 개구리를 내렸던 때가 훨씬 나았다며 한탄할 일이다.

》 애나 진 카이저, '거미 비: 브라질 동남부에 하늘을 나는 거미 떼 나타나', 〈가디언〉, 2019년 1월 11일, www.theguardian.com.

Day - 128

FACT : 도시 아이들이 교외에서 태어난 아이들에 비해 **조현병을** 비롯한 정신장애에 걸릴 확률이 두 배 더 높다.

하지만 어쩐 일인지 뉴요커들은 천하에 침착한 운전자들로 유명하지 않나?

》조앤 뉴버리, 루이스 아스노, 헬렌 L. 피셔, '도시 아이들이 정신병 증상에 걸릴 위험이 높은 이유는?', 조현병 회보(Schizophrenia Bulletin), 2016년 11월, www. ncbi.nlm.nih.gov.

Day - 129

FACT : 애리조나주에 사는 로즈메리 알바레즈라는 여성을 수술하던 의사들은 커다란 촌충을 발견했다.

레스토랑 매니저들은 그녀를 단 한 번도 본 적이 없다고 말했다.

》 로렌 콕스, '종양이 아닙니다, 뇌에 벌레가 있어요', ABC 뉴스, 2008년 11월 21일, https://abcnews.go.com.

Day - 130

FACT : 많은 사람들이 에너지 음료를 원샷하며 에너지를 공급받는다고 믿는다. 하지만 전문가들은 그것이 뇌출혈을 유발할 수 있다는 또 다른 의견을 내놓았다. 클리블랜드 클리닉에 따르면, **그들이 만난 대부분의 환자들은 '젊고 건강한 평범한 30~40대'였다.**

그들의 의료 차트에는 또한 그들이 '완전 과격한' 그리고 '끝장을 보는' 경향이 있다고 적혀 있을 것이다.

≫ '경고: 에너지 음료의 뇌출혈 유발 가능성을 알고 있는가?', 클리블랜드 클리닉, 2018년 12월 21일, https://health.clevelandclinic.org.

Day - 131

FACT : 일등석을 타고 뉴델리에서 런던으로 가던 한 남성은 승무원이 잠든 것처럼 보이는 어느 나이든 여성을 자기 옆자리에 앉혔을 때 조금 놀랐다. 그는 그 여성이 계속 바닥으로 넘어지는 바람에 승무원이 여러 개의 베개로 그녀의 몸을 받쳐 놓는 것을 보고는 더욱 아연실색했다. 마침내 **그 여성이 죽었다**는 사실을 알게 되었을 때, 그는 그 비행이 얼마나 더 이상해질 수 있는지 궁금한 지경이었을 것이다.

적어도 그 죽은 사람이 이코노미석 출신은 아니잖아. 그랬다면 욕 나올 뻔 했는데.

》 미국 연합통신, '항공기 승객, 깨어나 보니 옆자리에 시체가', 〈오클라호만(The Oklahoman)〉, 2007년 3월 19일, https://oklahoman.com.

Day - 132

FACT : 분별 있는 사람들은 〈엑소시스트〉에서 일어나는 일들 같은 건 순 엉터리라고 생각한다. 그런데도 웬일인지 **이탈리아에서는 매년 50만 건이나 되는 귀신 들림 현상**이 보고된다고 한다. 바티칸은 이런 상황을 처리하기 위해 악의 세력과 싸울 숙달된 퇴마사들을 더 많이 확보하는 것을 목표로 신규 채용 및 훈련에 매진하고 있다.

이미 교훈을 얻었으니, 이제 대부분은 완두콩 수프가 튀어도 젖지 않는 가운을 입을 터.

》 톰 포터, '바티칸, 귀신들림 보고 증가 소식에 더 많은 퇴마사 훈련 중', 〈뉴스위크〉, 2018년 2월 25일, www.newsweek.com.

Day - 133

FACT : 보스턴 지역의 한 남성은 2019년 봄 퇴근 후 그가 사는 단독주택에 도둑이 든 것을 발견했다. 좋은 소식은 없어진 게 아무것도 없었다는 것. 반면에… 혼란스러운 소식은 **그의 집에 침입한 그 누군가는 청소 전문 도우미처럼 물건들을 정리해두었다**는 것이다. 그 용의자는 화장지로 장미꽃을 만들어 분위기를 돋우기까지 했다.

───────

이건 마치 은행 강도가 뒷문으로 들어와 중소기업에 대출 승인을 해주는 꼴.

》로렌 M. 존슨, '한 남성, '누군가 내 집에 침입해 청소를 하고 떠났다'고 말해', CNN, 2019년 5월 24일, www.cnn.com.

Day - 134

FACT : 캘리포니아주 애너하임에 있는 디즈니랜드에 가본 적이 있다면, 아마 일정에 캐리비안의 해적 어트랙션도 포함시켰을 터. 그건 정말 무섭기보다는 재미있다. 단, **애니매트로닉 해적들 사이에 사람 유골들이 섞여 있다**는 것을 염두에 두지만 않는다면. 1960년대에 그 어트랙션이 만들어졌을 때, 진정성을 위해 진짜 해골이 사용되었다. 반대 주장들에도 불구하고, 많은 이들은 지금도 그것들이 거기에 남아 있다고 믿는다.

그 해골들이 누구의 것인지는 미스터리이지만, 부디 〈작은 세상(It's a Small World, 디즈니랜드의 메인 테마곡-옮긴이)〉의 작곡가도 포함되었기를.

》카라 지아모, '디즈니랜드 캐리비안의 해적에 아직도 진짜 해골들이 있을까?', 멘탈 플로스, www.mentalfloss.com.

Day - 135

FACT : 연구에 따르면 초중등 교사들 여섯 명 중 한 명은 학생한테 공격을 당했다고 한다.

미국의 모든 유치원에서 '초등 칼싸움' 프로그램을 없애도록.

》 레아 워너먼, '수치로 따져보기: 교사에 대한 폭력', 미국 심리학회, 2018년 9월, www.apa.org.

Day - 136

FACT : 근무일에 **살해당할 확률이 가장 높은 직업**이 무엇일까 생각할 때, 자동차 부품 가게를 떠올리기는 쉽지 않을 것이다.

주렁주렁 매달린 작은 차량용 방향제들 중에 하나를 고르는 일은 정말 싫지 않은가?

》 '소매점 내 살인, 2003~2008', 미국 노동통계국, 2012년 1월 4일, www.bls. gov.

Day - 137

FACT : NASA에서 '청정실(클린룸)'은 장비를 테스트하는 곳이며 따라서 지구상에서 세균이 가장 살기 힘든 곳에 속한다. 그렇기 때문에 기술자들은 그들이 최선을 다해 청소를 했는데도 살아남은 특정 미생물을 발견했을 때 깜짝 놀랄 수밖에 없었다. 더욱 이상하게도, 그 미생물은 과학계에서 아주 독특한 것으로 판명되었다. 게다가 그것은 세제들을 먹이 삼아 생명을 유지하고 있었다.

미스터 클린은 이 소식을 듣고 당장에 베티 포드 센터(미국의 알코올 및 마약 중독 재활 센터-옮긴이)에 입원했다고 전해진다.

》 가이 웹스터, '서로 멀리 떨어진 두 청정실에서 새로운 희귀 미생물 발견', 제트 추진 연구소, 2013년 11월 6일, www.jpl.nasa.gov.

Day - 138

FACT : 뉴저지주 웨스트필드에 사는 한 가족은 '워처(the Watcher)'라고만 알려진 누군가로부터 정기적으로 편지를 받았다. 이런, 방금 편지라고 했나? 그것들은 사실 **그 집 아이들에 대한 폭력을 미묘하게 암시하는 무서운 협박**에 가까웠다. 동기나 용의자에 대한 단서는 전혀 발견되지 않았다. 그 가족은 손해를 보더라도 그 집을 팔기로 결정했다.

이것이 일종의 부동산 사기였다면, 꽤 인상적이라고 인정할 수밖에 없을 듯.

》 크리스틴 하우저, 카렌 즈라이크, '뉴저지의 어느 가족, '워처'에게 협박당해 손해 보고 집 매도', 〈뉴욕 타임스〉, 2019년 8월 9일, www.nytimes.com.

Day - 139

FACT : 펜실베이니아주 스퀼킬 카운티의 탄광 지역에 살던 한 가족이 집을 개조하기로 마음먹었을 때, 석고벽 뒤에 깜짝 놀랄만한 물건들이 숨겨져 있는 것을 발견하고 충격에 빠졌다. 아니, 불행히도 그것은 해적의 보물은 아니었다. 오히려 마녀의 보물이라고나 할까. **허브들, 부적들, 그리고 바싹 마른 동물 시체들이 벽 뒤 공간 전체에 숨겨져** 있었는데, 전부 1930~1940년대 신문에 싸여 있었다.

그게 어때서? 말편자를 문 앞에 걸어 두는 사람도 있고, 죽은 라쿤을 박제해 벽에 거는 사람도 있는데.

》재키 데 토르, '집 개조 중 벽 뒤에서 충격적인 발견을 한 가족', WNEP 16, 2015년 2월 10일, https://wnep.com.

Day - 140

FACT : 나만의 유인원을 가지면 재미있겠다고 생각했다면, 그러지 말라. 그냥 내 말을 들어라. 코네티컷주의 한 여성처럼 90킬로그램이 넘는 애완용 **침팬지에게 얼굴을 뜯어 먹히는** 상황에 처하고 싶지 않다면 말이다.

바나나 향 립밤은 정말 좋지 않은 선택이었던 듯.

》앤드류 퍼갬, ''저 놈이 그녀를 먹고 있어! 쏴!' 침팬지 주인은 외쳤다', NBC 코네티컷, 2009년 2월 17일, www.nbcconnecticut.com.

Day - 141

FACT : 크리스 웬젤(Chris Wenzel)이라는 타투 아티스트는 가족과 후대를 위해 자기 피부에 새긴 작품들을 보존하고 싶어 했다. 그래서 그가 41세의 나이로 일찍 세상을 떴을 때 **그의 피부 대부분이 벗겨져 전시되었다.** 바로 그가 일했던 작업실에.

부디, 웬젤이 '화합'을 뜻한다고 생각했던 한자가 사실은 '멍청이'를 뜻하는 일은 없기를.

》 어맨다 콜레타, '자신의 문신이 영원하기를 바랐던 크리스 웬젤. 죽기 전에 그는 방법을 찾았다', 〈워싱턴 포스트〉, 2019년 8월 30일, www.washingtonpost.com.

Day - 142

FACT : 노인들이 빵 봉지를 닫을 때 쓰이는 작은 플라스틱 클립을 **삼켜 내장에 구멍이 뚫리는** 일이 자주 있어서 의사들은 그것의 사용 중단을 원하고 있다.

그게 (아작아작) 그렇게 위험한 거면, 왜 (아작아작) 그렇게 맛있게 만들어 놓았을까?

》 가이 매던 교수, 데이비드 엘리스 교수, '빵 봉지 클립, 삼키면 심각한 문제 일으킬 수 있어', 아들레이드 대학교, 2014년 5월 15일, www.adelaide.edu.au.

Day - 143

FACT : 백인이라면 주목하길.

'컨트리 음악의 방송 시간이 늘어날수록, 백인의 자살률이 높아진다.'

개인적으로 난 폴카 음악일 거라 생각했는데, 뭐, 어쨌든.

》〈시카고 트리뷴〉 직원, '자살과 컨트리 음악의 관계 연구', 〈볼티모어 선〉, 1992년 11월 27일, www.baltimoresun.com.

Day - 144

FACT : 일본 나고로 마을은 수년간 인구가 계속 줄어들고 있다. 이에 가만히 있을 수 없다고 생각한 츠키미 아야노라는 주민은 **잃은 사람의 수만큼 실물 크기의 인형들을 만들기로 결심**했다. 짚으로 속을 채운 그 복제품들은 허수아비보다는 휴머노이드와 좀 더 비슷해 보이며, 낚시를 하거나, 일을 하거나, 교실에 꽉 차게 앉아 있기도 한데, 이제는 1대 10의 비율로 주민 수를 훨씬 뛰어넘는다고 한다.

부디 호기심 많은 누군가가 그 새로 만들어진 인형 속에서 예전 주민의 남겨진 뭔가를 발견하는 일은 없기를.

》 애론 수퍼리스, '인형이 망자를 대신하는 숨겨진 일본 마을', 더 버지, 2014년 5월 2일, www.theverge.com.

Day - 145

FACT : CNN(거의 틀림없이) 뉴스 채널은 세상의 종말이 가까워졌을 때를 위해 준비해 둔 비디오를 갖고 있다. 24시간 방송망의 설립자인 테드 터너는 수십 년 전 **'세상이 끝날 때까지'** 절대로 **방송을 종료하지 않겠다**고 약속했다. 타이타닉 호가 침몰하던 당시 음악가들이 연주했던 것과 같은 곡을 군악대가 연주하는 장면이 담긴 클립은, 여전히 '터너의 지구 최후의 날 비디오'라는 제목을 단 채 기록보관소에 보관되어 있다.

그 방송망의 최근 실적을 고려하면, 그 자신의 소멸 때문에 조만간 그 테이프가 필요하게 될 듯.

》 마이클 발라반, '이것이 세상이 끝나는 때에 CNN이 틀고자 하는 비디오이다', 잘롭닉, 2015년 1월 5일, https://jalopnik.com.

Day - 146

FACT : 매년 수백만 명의 인파가 디즈니 월드를 방문하기 위해 플로리다주 올랜도로 몰려가, 신데렐라 성과 엡콧 센터의 장엄함에 감탄한다. 그 두 곳에서 볼 수 있는 대부분의 미술 작품들이 **제2차 세계 대전 당시 독일 공군의 '명심문관'에 의해 만들어졌다**는 사실을 아는 사람은 별로 없다. 그는 과거에 '전쟁 포로들로부터 그가 원하는 모든 대답을 마법처럼 얻어내는' 능력으로 유명했다.

――――――――

"구텐탁, 우린 여러 방법으로 네가 마법 같은 휴가를 경험하도록 할 수 있어."

》 www.amazon.com/Interrogator-Joachim-Luftwaffe-Schiffer-Military/ dp/0764302612.

Day - 147

FACT : 2009년부터 이탈리아에서는 자경단을 조직하거나 그 단원이 되는 것이 합법화되었다. 그러니까, **무솔리니 시절 이탈리아에서 유행했던 그 사랑스러운 검은 셔츠단과 똑같이** 말이다. 그 결과 조직들이 이탈리아 도시의 거리들을 배회하며, 자기네가 그때그때 강요하는 규칙을 어겼다며 아무에게나 주먹질을 해대고 있다고 한다.

———————

맞지? 일 두체(수령이라는 뜻으로 무솔리니를 가리킴-옮긴이)와 그의 친구 퓌러(지도자라는 뜻으로 히틀러를 가리킴-옮긴이)가 정말 괜찮은 생각을 갖고 있었다는 것에 대해 반대하는 사람?

》 닉 스콰이어스, '이탈리아, 무솔리니의 검은 셔츠단 이후 최초로 자경단 허용', 〈텔레그래프〉, 2009년 5월 15일, www.telegraph.co.uk.

Day - 148

FACT : 하늘에서 무언가가 갑자기, 또 예기치 않게 곤두박질 쳐서 당신의 하루를 망쳐 놓을지는 결코 알 수가 없다. 그것은 운석일 수도, 비행기 잔해일 수도, 또는… 소화전일 수도 있다. 소화전은 정말 말도 안 되는 것 같다면, 움베르토 에르난데스에게 말해보라. 그는 수년 전, 자동차에 **부딪쳐 떼어진 뒤 수압에 의해 공중으로 솟아오른** 소화전에 맞았다.

사실, 물어볼 필요 없다. 움베르토는 완전히 저 세상 사람이 되었으니까.

》 '소화전, SUV 때문에 떼어져 보행자 사망케 해', 〈로스앤젤레스 타임스〉, 2007년 6월 23일, www.latimes.com.

Day - 149

FACT : 파리의 지하에는 수백 킬로미터에 이르는 묘지들이 있는데, 그곳은 수백만 개의 사람 뼈로 장식되어 있다.

로맨틱한 첫 데이트 장소로는… 음… 다른 곳을 선택했어야 할 듯.

》 나타샤 게일링, ''파리의 밑', 관광객들을 기다리는 죽음의 제국', 〈스미소니언 매거진〉, 2014년 3월 28일, www.smithsonianmag.com.

Day - 150

FACT : 잔디깎이에 탔다가 **상상 가능한 가장 흉측한 방법들로** 죽는 사람들이 매년 90명에 이른다.

———————

동네 델리에서 살라미를 다루는 것과 같은 방법으로 죽기를 고려해봤다면, 이것이 기회이다.

》 '제로턴 잔디깎이의 위험성', 비즐리 앨런 로펌, 2014년 6월 4일, www. beasleyallen.com.

Day - 151

FACT : 여름이 왔다는 건, 곧 플립플롭의 계절이 왔다는 뜻이다. 아니, 어쩌면 아닐 수도. 만약 당신이 2016년 캘리포니아의 한 여성이 그랬듯이 **발을 헛디뎌 낭떠러지 아래로 곤두박질 쳐 죽고** 싶지 않다면 말이다. 황당한 사고라고? 그럴지도. 하지만 영국은 매년 20만 명이 플립플롭 때문에 응급실에서 치료를 받아야 했다고 보고했다.

물론 대부분의 영국인들은 그들의 축축한 피부를 햇볕과 접촉시키는 것만으로도 치료가 필요할 것이다.

》 스티븐 M. 라이킨, '플립플롭의 심각한 위험', 〈필라델피아 인콰이어러〉, 2017년 5월 26일, www.inquirer.com.

Day - 152

FACT : 책략이 폭로되기 전, 뉴멕시코주의 레이크 아서라는 작은 마을을 방문하는 사람은 누구나 경찰이 될 수 있었다. 요금만 지불하면 끝이었다. 그 어떤 검사도 없었고, 심지어 **백인 지상주의자 민병대의 유명한 대원들**도 무리지어 나타나 아무 조건 없이 배지를 살 수 있었다.

만약 월터 화이트(미국 드라마 〈브레이킹 배드〉의 주인공-옮긴이)가 이런 부정한 돈벌이에 대해 알았다면, 〈브레이킹 배드〉 시즌 6가 나왔을 터.

》 재커리 마이더, 지크 폭스, '총기 단속법의 구멍, 거물들과 범죄자들이 경찰 행세를 하도록 유도', 블룸버그, 2018년 5월 15일, www.bloomberg.com.

Day - 153

FACT : 가슴의 어느 부위를 아주 정확하게 겨냥하면 살짝만 건드려도 사망에 이를 수 있다. 심장 진탕(Commotio cordis, '심장의 소란'을 뜻하는 라틴어)이란 **'무해한 것처럼 보이는' 분문부(cardiac region)에의 타격으로 인한 사망** 가능성을 뜻하는 용어이다. 이것은 거의 예외적으로 20대 이하의 남성 운동선수들에게, 보통은 경기 중에 발생하며 연간 10~20회 정도 일어나는 일이다.

자, 어린이들, 하루 종일 비디오 게임을 할 수 있게 부모님을 설득할 방법을 찾고 있었다면, 여기 있다.

》 라일 J. 미켈리, MD, 〈스포츠 의학 백과사전(Encyclopedia of Sports Medicine)〉(세이지 출판사, 2011)

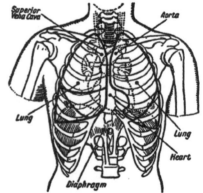

Day - 154

FACT : 아후이조틀(Ahuizotl, '물의 가시'라는 뜻)은 아즈텍 신화에 등장하는 호수에 사는 생물이다. 쥐새끼처럼 비열한 괴물로 묘사되며 어부들을(또는 물가를 돌아다니는 그 누구라도) 죽인다. 아기가 우는 것 같은 소리로 아무런 의심도 하지 않는 사람들을 유인한 뒤, **그들의 손톱, 눈알, 이빨을 먹는다.** 아, 그리고 그것의 꼬리 끝에는 원숭이 손이 달려 있다.

이들이 바로 하루에 수십 명을 제물로 바쳤던 바로 그 민족인 점을 고려하면, 그 생물은 아마 그들의 테디베어쯤 되었을 듯.

》 우 밍렌, '아후이조틀은 아즈텍 신화 속 생물이었나 아니면 진짜 어부들의 적이었나?', 〈에인션트 오리진〉, 2018년 4월 22일, www.ancient-origins.net.

Day - 155

FACT : 14세기 흑사병이 돌던 시기에 아주 많은 유럽인들이 죽었다. 각국은 그 시체들을 땅에 묻어야 했는데 그 수가 워낙 많아서 매장터를 다 파악할 수 없을 정도였다. 그러므로 영국에서는 아무리 그 나라 최고의 공원과 건물들에 있다고 해도 **흑사병 희생자들로 가득 찬, 표지 없는 공동묘지** 위를 걷고 있는 것일 수 있다.

이와 마찬가지로 뉴저지에 가면 '아이스 픽 윌리'나 '비니 더 노스'(Ice Pick Willie, Vinnie the Nose는 둘 다 범죄 조직원의 별명-옮긴이)라는 사람의 무덤 위에 서 있을 가능성이 다분하다.

》 대니 루이스, '영국의 공동묘지, 흑사병의 공포를 새롭게 조명', 〈스미소니언 매거진〉, 2016년 12월 2일, www.smithsonianmag.com.

Day - 156

FACT : 중국의 '유령 결혼'은 죽은 미혼 남성을 죽은 신부(**불법으**
로 파헤쳐져 비싼 값에 판매되는)와 결혼시키는 것이다.

》 그레이스 소이, '중국의 유령 결혼과, 그것이 치명적일 수 있는 이유', BBC 중국,
2016년 8월 24일, www.bbc.com

Day - 157

FACT : 태국의 한 남성은 **뱀이 그의 음경에 이빨을 박아** 병원 신세를 지게 되었다.

그 불쌍한 뱀은 그저 놀라서 그랬을 텐데.

》 코차 올란, 비앙카 브리튼, '화장실에서의 마주침에 놀란 비단뱀, 태국 남성의 음경 물어', CNN, 2016년 5월 27일, www.cnn.com

Day - 158

FACT : 교황의 팬이라 그의 주 활동 무대를 방문하러 떠나고 싶다면, **바티칸 시티가 세계에서 가장 범죄율이 높다**는 사실에 유념하라. 이 문제적 상황을 더 악화시키는 사실은, 그곳에 감옥 제도가 없어서 범죄자들이 정의의 심판을 받지 못하는 경우가 많다는 것이다.

"어이, 교황님, 3급 살인을 저지르면 성모송을 몇 번이나 불러야 합니까?"

》 앨리샤 프라카시, '바티칸 시티에 관한 기묘한 사실 14', news.com.au, 2017년 2월 11일, www.news.com.au.

Day - 159

FACT : 옥수수에서 나는 에탄올은 석유 대체재가 되지만, 옥수수를 기르는 데 너무 많은 공간이 필요하기 때문에 **에탄올 생산은 환경에 좋지 않은 영향을 미친다.**

자리 많잖아. 아이오와랑 네브라스카는 뒀다 뭐 하려고?

》 대니얼 하우든, '학자들 경고, 세계 석유 공급량이 예상보다 빠르게 줄고 있다', 〈인디펜던트〉, 2007년 6월 14일, www.independent.co.uk.

Day - 160

FACT : 바비 인형은 아이젠하워 정부 때부터 셀 수 없이 많은 여자아이들의 기쁨이 되어 왔다. 그러나 다음에 바비를 선물로 받을 생각을 한다면, 그것을 처음 만든 사람들 중 한 명이 퇴폐적인 마약 중독자 겸 섹스광이었다는 사실은 굳이 떠올리지 말도록. 그는 **자기 집을 '난교 파티의 성'으로 만들고** 검은 여우 털로 뒤덮인 지하 감옥을 설치했다.

바비의 드림하우스를 살 때도 유념해두어야 할 사실이다.

〉 '바비와 켄에 관한 성적 비밀', 〈페이지 식스〉, 2009년 1월 8일, https://pagesix.com.

Day - 161

FACT : 멕시코에 가게 된다면 평화로운 마을 과나후아토에 꼭 들러보도록. 그 주위 흙의 성질상 **그곳에 묻힌 모든 사람은 잘 보존된 미라처럼 된다.** 박물관도 잊지 말고 방문해 보아야 하는데, 여기에는 앞서 언급된 미라들이 세계에서 가장 많이 모여 있으며 그 중에는 건조된 아기 시체도 여러 구 있다!

유감스럽게도, 박물관 측은 당신이 그 중 하나를 무릎에 놓고 복화술을 하는 마네킹처럼 "아이 원트 마이 머미(mummy는 아이들이 엄마를 부르는 말인 동시에 '미라'라는 뜻도 있음-옮긴이)"라는 농담을 하게 놔두지는 않을 것이다.

》 '과나후아토 미라 박물관', 〈아틀라스 옵스큐라〉, www.atlasobscura.com.

Day - 162

FACT : 포포바와는 탄자니아 연안의 섬, **잔지바르의 전설에 등장하는 모양을 바꾸는 괴물**이다. 보통 낮에는 사람의 모습을 하고 있지만, 밤이면 큰 눈 한 개와 박쥐 날개를 가진 본래의 모습을 드러낸다. 포포바와의 사악한 수법은 가정집에 몰래 들어가 거기 사는 모든 사람에게 성적 폭행을 가하는 것이며, 남자들에게 특별한 관심을 갖는다.

만약 그것이 셀마 헤이엑의 모습을 하고 있다면 그러한 상황에 대해 불평하는 사람이 별로 없을 듯.

》 겔러 교수, '포포바와', 미솔로지, 2017년 6월 18일, https://mythology.net.

Day - 163

FACT : 1975년 그 영화의 충격이 이제야 잊혀졌나 했는데, 상어의 수가 급증하고 있다.

불안증이 있는 부기보더(누워서 서프보드를 타는 사람-옮긴이)들에게는 끔찍한 일일 터.

》 에프라트 리브니, '실제 죠스들의 등장으로 미국 해수욕객들 공포에 떨어', QZ, 2019년 6월 2일, https://qz.com.

Day - 164

FACT : 그랜드 캐니언에 놓여 있던 우라늄 광석이 든 양동이는 모든 관광객들을 위험 수준의 방사선에 노출시켰다.

얘들아, 드디어! 이제 부모님들이 방학 때마다 너희를 시시한 박물관에 끌고 가지 못하게 할 수 있겠어!

》 로렐 웜슬리, '그랜드 캐니언 박물관에 놓여 있던 우라늄 광석은 건강에 위험이 될까, 안 될까', NPR, 2019년 2월 19일, www.npr.org.

Day - 165

FACT : 뉴저지주에는 가볼 만한 다른 아름다운 명소들도 많지만, 이제는 버려지다시피 한 트렌턴 정신병원도 있다. 20세기 초, 그곳의 엽기적인 원장 헨리 코튼 박사는 정신병이 감염에서 비롯된다고 믿고 **절단술을 치료법으로 이용**하기 시작했다.

복도를 슬금슬금 걸어가면서 재미로 '핏자국 알아맞히기' 게임을 꼭 해 보라.

》 크리스틴 쾨네만, '뉴저지의 섬뜩한 정신병원 여전히 존재... 그리고 여전히 불안', 온리 인 유어 스테이트, 2016년 1월 19일, www.onlyinyourstate.com.

Day - 166

FACT : 레 맛은 베트남 하노이에 있는 지역으로, 뱀 마을(Snake Village)이라고 알려져 있다. 터무니없이 많은 양의 뱀들이 기어 다니기 때문만이 아니라, 식당에서 셰프가 손님 앞에서 기꺼이 도살해주는 **코브라의 여전히 뛰고 있는 심장을 먹을 수** 있기 때문이다. 아참, 뱀 피를 후루룩 들이켤 때는 입가에 상처가 있지는 않은지 확인하라, 그렇지 않으면 중독될 수 있으니까.

이런 이야기를 듣고 있기가 힘들다면, 거미가 전갈을 타고 마치 미니어처 말을 탄 듯 돌아다니는 마을에는 별로 가고 싶지 않을 터.

》잭 필립스, '나는 베트남의 뱀 마을에서 코브라를 먹고 마셨다', 바이스, 2013년 3월 11일, www.vice.com.

Day - 167

FACT : 아프리카 기니에서는 과일박쥐 수프를 주문할 수 있는데 여기에는, 당신이 짐작하는 대로, 과일박쥐가 들어간다. 그것도 작은 조각들이 아니라 **내장과 털을 비롯한 모든 것을 포함한 통 과일박쥐가.** 아, 그리고 때로는 에볼라 바이러스도 거기에 포함된다.

여행사들이 말하듯, "물을 마시지 마세요, 그리고 박쥐는 먹지 마세요."

》 도널드 G. 맥닐 Jr., '기니: 정부, 에볼라 발병 막기 위해 박쥐 수프 금지', 〈뉴욕 타임스〉, 2014년 3월 26일, www.nytimes.com.

Day - 168

FACT : 카수 마르주(Casu Marzu)는 세상에서 가장 위험한 치즈로 알려진 이탈리아의 별미이다. 높은 지방 함량이나 엄청난 속 부글거림을 야기하기 때문이 아니라, **맛있는 구더기들이 우글거리기** 때문이다. 잘 씹지 않을 경우 그것들은 당신의 내장을 찢어놓을 수 있을 뿐만 아니라, 눈을 꼭 감고 있지 않으면 그것들이 15센티미터를 점프해 당신의 눈 속에 들어갈지도 모른다.

독이 있을지도 모르는 부패한 치즈를 먹으라고? 좋아. 구더기가 우글대는데? 좋아. 먹는 동안 눈을 감으라고? 미안하지만, 그것까지는 못하겠어.

》 카라 골드파브, '카수 마르주 치즈는 위험하고, 불법이며, 구더기로 가득하다', 올댓츠 인터레스팅, 2018년 2월 19일, https://allthatsinteresting.com.

Day - 169

FACT : 로마는 많은 유럽 관광객들의 여행 일정표에서 빠지지 않는 곳이다. 하지만 10월에는 이 도시를 피하는 편이 좋은데, 이동 중인 찌르레기들이 **엄청난 양의 배설물을 시민들 머리 위로 무자비하게 살포**하는 시기이기 때문이다. 그 피해가 너무 심해서 시 당국은 자동차들이 미끄러져 빙글빙글 돌거나 도로에서 벗어나는 일이 없도록 도로를 손봐야 할 정도이다.

이제 왜 화창한 날씨에 사람들이 우비와 우산을 챙겨 다니는지 알겠지.

》 실비아 포지올리, '똥 피하기, 로마 사람들이 찌르레기 대량 유입에 대처하는 법', NPR, 2015년 12월 14일, www.npr.org.

Day - 170

FACT : 미어캣 집단의 우두머리 암컷은 자기 밑에 있는 미어캣들을 노예처럼 부리며 다른 미어캣의 새끼들을 다 죽인다.

'하쿠나 인판티시다(Hakuna Infanticida, '영아 살해는 없다'는 뜻-옮긴이)'는 '하쿠나 마타타'만큼 좋게 들리지는 않는다.

》 레이첼 누어, '새끼 죽이는 미어캣 우두머리 암컷, 자기 밑의 암컷들 유모로 부려', 〈스미소니언 매거진〉, 2013년 10월 10일, www.smithonianmag.com.

Day - 171

FACT : 해달들은 **'강제 교미'**를 통해 새끼 해달들을 잔인하게 **죽인다.** 그리고 그 '강제 교미'는 새끼 해달이 죽은 뒤에도 계속된다. 그냥 해달들은 그런다.

그래서 해달 문신이 연방 교도소에서 유행하고 있다고.

》 톰 헤일, '해달은 귀엽지 않다, 역겹고 추악한 놈들이다', IFL 사이언스, 2018년 5월 30일, www.iflscience.com.

Day - 172

FACT : 암스테르담 시내에서 여러 환각제들을 경험해본 뒤에는, 브롤릭 박물관(Museum Vrolik Acasemic Medical Center)에 들르는 것을 잊지 말도록. 지루하게 들릴지 모르지만, 이곳은 인간 및 동물 해부학상 기형에 초점을 맞춘 특별한 박물관이다. 수없이 많은 **포름알데히드 병 속의 잘린 머리들**이 특히 흥미로울 터.

───────

이곳은 기념품점이 없는 몇 안 되는 박물관들 중 하나일 듯. 생체 해부 봉제완구 같은 것을 마음에 들어 하는 아이들은 거의 없으니까.

》 잰 M. '브롤릭 박물관(AMC 암스테르담)', 네덜란드 관광(Netherlands Tourism), www.netherlands-tourism.com.

Day - 173

FACT : 만약 불법 투약으로 체포된다면, 당신은 감옥이 중독된 것에 대한 갈망을 더 이상 채울 수 없는(혹은 적어도 채우기 힘든) 곳이라는 사실 정도는 알 것이다. 갈망을 충족시키기 위해 **도마뱀을 잡아서, 내장을 빼내고, 남은 것을 흡연**한 남자만 아니면 말이다. 그는 그것이 '즉각적인 황홀감'을 주었다고 주장한다.

도마뱀이 있었으니 다행이지, 아니었다면 그 안의 화이트칼라 범죄자들은 불쾌한 일을 당했을 것이다.

》 메학 가르그, 발완트 S. 시두, 라즈니시 라즈, '도마뱀 중독: 희귀 사례 보고', 인도 정신병학 저널, 2014년 4~6월, www.ncbi.nlm.nih.gov.

Day - 174

FACT : 포프 릭 몬스터(Pope Lick Monster)는 켄터키주 포프 릭 개울의 철교 밑에 숨어 있다고 여겨지는 전설의 괴물이다(진짜 교황들을 핥고(lick) 다닌다고 생각한 건 아니겠지?). 이 괴물은 자기 머리 위로 사람이 지나갈 때까지 기다렸다가 **겁을 주어 철교에서 떨어져 죽게 만든다.** 말도 안 되는 소리처럼 들리겠지만, 그 괴물을 찾으러 갔던 한 여성이 실제로 지나가던 열차에 치여 죽었다.

그리하여 그 불쌍한 괴물은 모두에게 결백을 인정받은 뒤 켄터키 전통에 따라, 동네 처녀와 결혼하여, 코가 비뚤어지도록 술을 마시다가, 마약 제조소를 차렸다고 한다.

》 베스 워렌, '오하이오 여성, 포프 릭 몬스터 찾다가 사망', 〈USA 투데이〉, 2016년 4월 27일, www.usatoday.com.

Day - 175

FACT : 웨스트버지니아주에 있는 레이크 쇼니(Lake Shawnee) 놀이공원은 여섯 명의 사망자를 낸 뒤 문을 닫기로 결정, 놀이기구들을 비롯한 모든 시설이 그대로 버려졌다. 그리고 얼마 후, 그곳을 매입한 부동산 개발자들은 **그 공원이 인디언 매장지 위에 지어졌음**을 알게 되었다. 곧바로 공사를 멈춘 그들은 모든 것을 그대로 두고 서서히 물러났다.

방문객들은 "건너오렴, 얘들아. 빛 속으로 들어가(Go into the light는 '죽다'라는 뜻도 있다-옮긴이)."라고 끊임없이 소리치는, 키 130센티미터의 기묘한 여성이 그 공원의 마스코트인 걸 알았을 때부터 뭔가 수상쩍다고 여겼을 터.

》 '버려진 레이크 쇼니 놀이공원', 머서 카운티 컨벤션 뷰로(Visit Mercer County Convention & Visitors Bureau), https://visitmercercounty.com.

Day - 176

FACT : 다음번에 시카고 근처에 가게 되면, 1918년 끔찍한 열차 탈선 사고 당시 죽은 **어릿광대들(과 다른 서커스 단원들)이 가득 묻혀 있는 공동묘지**에 꼭 들러 보라. 실명이 다 알려지지는 않았기 때문에, 그 '쇼맨들의 안식처(Showmen's Rest)'에 있는 묘비들 일부에는 '스마일리' 같은 별명들만 새겨져 있다.

조의를 표하기 전에는 주위에 빨간 풍선이 있지는 않은지 꼭 확인할 것.

》론 그로스먼, '서커스 묘지: 쇼맨들의 안식처와 1918년 하겐베크-월러스 비극', 〈시카고 트리뷴〉, 2016년 8월 12일, www.chicagotribune.com.

Day - 177

FACT : 남자 의사들의 자살은 **일반인에 비해 세 배 더 자주** 일 어난다.

혹시나 하는 마음에 당신은 수술을 받으러 들어갔을 때 절개 부위 바로 위에 마커펜으로 '히포크라테스 선서'라고 써야 하나 생각할지도 모른다.

》 S. 린드먼, E. 라라, H. 하코, J. 론크비스트, '의사들의 성별에 따른 자살율에 대한 체계적 고찰', 미국 국립 의학 도서관, www.ncbi.nlm.nih.gov.

Day - 178

FACT : 월요일은 심장마비로 급사할 확률이 20퍼센트 더 높은 요일이다.

속에 잼이 든 도넛과 더블 에스프레소가 발명된 것도 같은 요일이지, 아마.

》 애너해드 오코너, '더 클레임: 심장마비는 에 더 흔하다', 〈뉴욕 타임스〉, 2006년 3월 14일, www.nytimes.com.

Day - 179

FACT : 바텐더가 되려고 한다고? 헬스 엔젤스(미국의 바이크 갱단—옮긴이)가 자주 드나드는 곳에서 일하는 것만 아니라면 꽤 괜찮은 직업처럼 보인다. 하지만 럼 앤드 코크를 다섯 잔째 홀짝이며 바텐더한테 연애에 대한 조언을 구하는 일은 별로 내키지 않을 터. 왜냐하면 **바텐더는 그 어떤 직업들보다 높은 이혼율**을 보이기 때문이다.

만약 불륜이 그 원인이라면, 그냥 사장을 설득해서 미키 루니처럼 생긴 여종업원들을 더 고용하게 하라.

》 에밀리 고데트, '새로운 연구 결과 바텐더, 카지노 직원의 이혼율 가장 높아', 인버스, 2017년 9월 5일, www.inverse.com.

Day - 180

FACT : 전과자들이 감옥을 떠나 다시 사회에서 유급으로 고용된다면, 어떤 직업을 가장 많이 선택할 것 같은가? 영국에서는 교사인 듯하다. 수천수만 명의 **석방된 범죄자들이 꾸준히 교사직에 지원**해 왔으며, 그들 중에는 살인범, 강간범, 소아성애자들도 있었다.

그러니까 안 좋은 일을 겪고 싶지 않으면 기술 선생님 의자에 압정을 올려놓는 짓은 하지 말라는 거야.

》 하비에르 에스피노자, '수많은 범죄자들이 교사직에 지원한다는 통계 나와', 〈텔레그래프〉, 2015년 5월 15일, www.telegraph.co.uk.

Day - 181

FACT : 호주 사람들은 전반적으로 꽤 건강해 보인다. 그 대륙의 기후 덕분에 분명 그들은 햇볕을 많이 받는다. 그래서 **세계 어느 곳에 비해 암에 걸리는 비율이 더 높다.** 특히 호주 남성의 절반은 어떤 형태로든 평생 한 번은 암 진단을 받게 된다.

최악의 고비는 조직검사를 하는 의사가 커다란 사냥용 칼을 들어야 했을 때였다.

》 마니 트루, '호주 남성들, 다른 나라들에 비해 암 발병 확률 두 배', 〈시드니 모닝 헤럴드〉, 2018년 9월 16일, www.smh.com.au.

Day - 182

FACT : 먼 바다에서 낚시를 하는 어부들은 자신들의 취미에 어느 정도의 위험이 내재되어 있다는 건 잘 알고 있다. 하지만 **공중으로 튀어 오른 청새치의 창 모양 위턱에 찔리**라고 예상하는 사람은 거의 없을 터. 바로 이런 운명이 어느 형제에게 닥쳤으니, 그 거대한, 뾰족한 칼 모양 물고기가 그들의 배로 펄쩍 뛰어 들어와 화가 난 듯 뼈를 부러뜨리고 살에 구멍을 냈다.

둘 다 이 사고로 죽지는 않았는데, 아마 파도 밑에서는 시끄러운 야유의 합창이 들렸을 듯.

》 '형제는 어떻게 거대한 청새치한테 찔렸을까', news.com.au, 2019년 6월 3일, www.news.com.au.

Day - 183

FACT : 뉴욕의 수돗물에는 **요각류(copepods)라는 작은 갑각류들이 다량 함유**되어 있어서, 그것을 마시는 일은 갑각류 섭취를 금기시 하는 유대인의 코셔법에 위배된다.

그 양이 하도 많아서 쥐 맛은 더 이상 안 날 정도이다.

》 https://inhabitat.com/the-surprising-reason-why-new-york-city-tap-water-is-not-vegan-and-possibly-not-kosher.

Day - 184

FACT : 인도의 어느 송아지가 한 달 만에 48마리의 살아 있는, 아무 것도 모르고 있던 닭들을 잡아먹었다.

바로 이것이 농장에서 시추들을 보기 힘든 이유이다. 적어도 한참동안은.

》 '고기를 좋아하는 송아지, 닭들을 잡아먹다', 로이터 통신, 2007년 3월 7일, www.reuters.com.

Day - 185

FACT : 처방전 없이 살 수 있는 편두통약을 너무 많이 복용하면, 피가 선명한 초록빛으로 변할 수 있다.

그리고 불법체류 벌칸족(〈스타트렉〉에 나오는 외계 종족으로 피가 녹색이다-옮긴이) 이라는 이유로 강제 추방을 당할 수 있다.

》 록산 캄시, '외과 의사, 환자의 녹색 피 보고 놀라', 〈뉴사이언티스트〉, 2007년 6월 8일, www.newscientist.com.

Day - 186

FACT : 브라질 설화 속 존재인 피자데이라(Pisadeira)는 똑바로 누운 채 잠이 든 남자들을 타깃으로 한다. **노란색 손톱을 길게 기른 깡마른, 붉은 눈의 여성**으로 나타나, 자고 있는 남자들 위에 걸터앉아 음탕하게 그들을 바라본다. 이에 잠에서 깬 남자들은 몸이 완전히 마비되었음을 깨닫는다.

이 설화는 아마 어느 호텔에서 부지중에 린제이 로한의 바로 옆방에서 잠이 든 사람의 이야기를 기원으로 할 것이다.

》 호세 F.R. 데 사, 세르지우 A. 모타 롤림, '브라질 설화와 타문화권에서의 수면 마비: 간략한 고찰', 심리학 프론티어(Frontiers in Psychology), 2016년 9월 7일, www.ncbi.nlm.nih.gov.

Day - 187

FACT : 빵을 먹는 데 소름 끼치고 기괴할 일이 뭐가 있냐고, 아마 당신은 생각할 것이다. 또 토스트를 만드는 데 무슨 섬뜩할 일이 있겠냐고 말할 것이다. 과연 그럴까? 당신이 먹는 베이글, 비스킷, 번의 보존제 중에는 엘시스테인(L-cysteine)이라는 화학 물질이 있다. 그리고 이 물질은 오리 깃털과 사람의 머리카락에서 얻어진다.

하지만 외식을 하다가 크루아상에서 오리의 음모를 발견했다면, 그것을 주방으로 돌려보내는 것을 고려해야만 한다.

》 엘레너 모건, '당신의 빵 속에 사람 머리카락이 들어있다', 바이스, 2014년 9월 11일, www.vice.com.

Day - 188

FACT : 수면 마비도 별로 무섭지 않다고 여기는 사람들을 위해, 감금증후군(locked-in syndrome)은 눈을 제어하는 근육 외에 몸의 모든 근육이 마비되는 신경 질환이다. 이것에 걸린 사람들은 주위에서 무슨 일이 일어나는지 완전히 인지하지만 움직이거나 말할 수 없다.

'이보다 더 나쁠 수 있을까?' 감금 증후군에 걸린 한 남자는 간호사가 티브이 채널을 에미상 시상식으로 돌리기 직전에 이렇게 생각했다.

》 '감금 증후군', 희귀 질환 데이터베이스, 미국 국립희귀장애기구, https://raredisease.org.

Day - 189

FACT : 모두가 리코리스를 좋아하는 건 아니지만, 그것은 사탕을 파는 곳이면 어디든 놓여 있기 때문에 누군가는 꼭 먹게 된다. 하지만 **리코리스가 신장병과 심장 질환의 원인이 되고 조산을 일으킬 수 있다는** 연구 결과를 알았다면 먹지 않았을 터. 미국 식품의약국은 마흔이 넘은 사람들이 2주 동안 하루 55그램 이상씩 리코리스를 먹으면 부정맥에 걸려 병원에 가야할 수 있다고 경고까지 하고 있다.

참고로, 전문가들은 핼러윈 의상에 묻은 이상한 색깔의 구토 흔적 80퍼센트는 캔디 콘 때문이라는 것도 알아냈다.

》 '블랙 리코리스: 트릭 오어 트릿?', 미국 식품의약국, 2017년 11월 6일, www.fda.gov.

Day - 190

FACT : 어린이들의 생일 파티에는 풍성한 마일라(Mylar, 폴리에스테르 필름–옮긴이) 풍선 다발이 빠질 수 없다. 하지만 만약 당신의 아이들이 어리바리하게 그 풍선들을 놓쳐 버렸다면, 그것들이 전선에 닿아 **정전, 화재를 일으키고 심지어는 무고한 행인에게 극심한 부상을 입힐 수 있다.** 그리고 제발 엉킨 풍선을 직접 풀려고 하지 마라, 그랬다가는 분명 그 극심한 부상 상황을 겪게 될 테니까.

'전신주에 기어올라 풍선 잡기'도 생일 파티 게임에 포함된다며 아이들을 설득하는 것 역시 똑같이 무책임한 행동이다.

≫ '마일라 풍선, 정전 일으킬 수 있어',
엔터지 뉴스룸, 2019년 6월 4일,
www.entergynewsroom.com.

Day - 191

FACT : 스웨덴은 수류탄을 길거리에서 12.50달러에 살 수 있는 나라로, 수류탄 공격에 관한 한 세계를 이끌고 있다.

아마 일반적인 스웨덴인은 파편으로 인한 중상 문제에는 그다지 중립적이지 않을 터.

》엘렌 배리, 크리스티나 앤더슨, '수류탄과 조직 폭력, 스웨덴 중산층 뒤흔들다', 〈뉴욕 타임스〉, 2018년 3월 3일, www.nytimes.com.

Day - 192

FACT : 에어바운스로 인한 부상 신고가 매년 수만 건에 이른다. 그리고 때로는 이것이 **바람 때문에 공중으로 날아가 전선에 부딪치기도** 한다.

아무리 그래도 볼링 레인 뒤에 사는 파티 어릿광대를 부르는 것보다는 안전하다.

》 브리 스팀슨, '네바다 주의 아홉 살 여자아이, 에어바운스가 바람 때문에 전선에 부딪쳐 수일 뒤 사망', 폭스 뉴스, 2019년 7월 20일, www.foxnews.com.

Day - 193

FACT : 그린란드의 이누이트 **족은 동물과 죽은 어린 아이의 신체 부분들을 합쳐 만든** 프랑켄슈타인 풍의 악질 괴물, 투필라크(Tupilaq)를 믿는다. 투필라크를 만든 사람은 특정 희생물을 공격하려는 목적으로 이것을 물속에 집어넣는데, 그 전에 이것에 힘을 불어넣는 의식으로… 구강성교를 한다.

만약 모든 신화 뒤에 일말의 진실이 숨겨져 있다면, 그린란드의 바다표범들이 가여울 뿐이다.

》 샬롯 프라이스 퍼슨, '성기를 빨아 힘을 얻는 그린란드의 유령을 만나다', 사이언스 노르딕, 2017년 2월 27일, https://sciencenordic.com.

Day - 194

FACT : 집 뒷마당 수영장의 염소 수치를 잘 맞추는 것은 매우 중요하다. 조류(algae)가 번식하기 때문만이 아니라, 그 수치가 잘못되면 치아를 영구히 망쳐 버릴 수 있기 때문이다. 또 그 화학 물질은 지나치게 많은 경우 **치아의 에나멜 층을 부식시키고 각막을 보호하는 얇은 막을 벗겨내며,** 잘못 다루었다가는 산 화상(acid burn)을 입어 병원에 실려 갈 수도 있다.

눈이 완전히 멀어 버리면 적어도 마르코 폴로 게임을 할 때 훔쳐본다고 뭐라고 할 사람은 없을 터.

》 '당신의 수영장은 치아에 안전한가?', 뉴욕대학교, 2011년 5월 23일, www.nyu.edu.

Day - 195

FACT : 불행히도 전설적인 러브랜드의 개구리 인간(Frog man)과 마주친다면, 오하이오주를 지구상에서 가장 흥미로운 장소로 꼽을 지도 모른다. 키가 약 90센티미터인 이 개구리 같은 생물은 뒷다리로 걸으며 머리 위로 지팡이를 흔드는데, 그 이유는 알려져 있지 않다.

그저 돈을 아끼다가 불량품을 사면 어떻게 되는지 보여주려는 것일 터.

》 첼시 와일리, '오하이오의 가장 기이한 신화 속 생물 11', 콜럼버스 내비게이터, www.columbusnavigator.com.

Day - 196

FACT : 아웃백 스테이크하우스의 오지 치즈 프라이 1인분은 2천 9백 칼로리로, 일반인의 하루 **권장 칼로리 섭취량**에 해당한다.

걱정 마, 친구, 그건 네 입 속으로 들어가자마자 바로 나올 테니까. 치즈 프라이는 그저 빌리는 것일 뿐, 살 수는 없어.

》 '레스토랑 업계가 당신에게 숨기고 싶어 하는 열여섯 가지 비밀', MSNBC, 2007년 12월 13일, www.msnbc.com.

Day - 197

FACT : 라면을 좋아하나? 아니면 배고픈 대학생이라 라면을 자주 먹나? 참 묘하게도, 바로 그것이 라면이 생겨난 이유이다. 그러니까 다음번에 라면 한 그릇을 후루룩 들이켤 때는, 처음 그것을 만든 일본인이 제2차 세계 대전 후 그의 고국에서 **계속되었던 대규모 기아를 물리치려는 시도 중에 그 아이디어를 떠올렸다**는 사실은 굳이 생각하지 말도록.

그리고 아마 그에게 한 달에 단돈 25센트로 살아남기란 불가능하다고 말한 남자에 대한 복수였을지도.

》 캐런 레보비츠, '라멘의 미천한 유래: 세계 기아의 종식에서부터 우주 라멘까지', 기즈모도, 2011년 6월 22일, https://gizmodo.com.

Day - 198

FACT : 호주의 짐피짐피 나무는 독성이 너무 강해서 단지 스치기만 해도 수개월, 심지어는 수년 간 극도의 통증을 느낄 수 있다.

그러니까 오줌이 급해도 항상 호텔에 돌아와서 누워야 한다.

》루벤 웨스트마스, '세상에서 가장 고통스러운 쐐기털을 가진 '자살 식물'', 큐리어시티, 2017년 10월 30일, https://curiosity.com.

Day - 199

FACT : 보고에 따르면 조기 발생 알츠하이머병이 증가하는 추세인데, 65세 미만이면 거의 누구나 걸릴 수 있다.

불행히도 정치 생활을 시작하는 것밖에는 달리 방법이 없다.

》 '조기 발생 알츠하이머병 증가 추세', 노라 오도넬과 함께하는 CBS 저녁 뉴스, 2008년 3월 8일, www.cbsnews.com.

Day - 200

FACT : 일본의 대도시에 가보면 공공 쓰레기통이 잘 안 보인다는 것을 알 수 있을 것이다. 떠오르는 태양의 나라에는 세상에서 가장 깔끔한 사람들만 모여 살기 때문일까? 아니, 1995년 **사린 가스 테러범들이 쓰레기통을 전략적으로 이용한 이후** 당국은 쓰레기통을 모두 없애 버렸다.

다행히도, 일본 시민들은 개똥에 이르기까지 모든 쓰레기를 봉지에 담아 처리해야 할 의무가 있다.

≫ 앨런 리차즈, '일본, 쓰레기통 설치 신중히 재고 중', 시티랩, 2019년 5월 23일, www.citylab.com.

Day - 201

FACT : '오럴 마이아시스(Oral myiasis, 구강 구더기증)'라는 말은 듣기에는 그다지 두렵지 않을 수도 있지만, 누군가에게 일어날 수 있는 상황들 중 정말 최악의 것이다, 정말로. 보다 자세히 말하자면, 이것은 입이 '집파리 유충으로 인한 조직 감염증'에 시달리는 상태이다. **그래, 바로 입 속 구더기들.** 그게 무슨 백만에 한 번 나올까 말까 한 경우라고 생각한다면, 그걸 일컫는 이름이 따로 있는 건 왜일까?

끔찍함에 있어서 그것에 버금가는 상황은 '오럴 멜레스멜레스(오럴 마이아시스와 오소리를 뜻하는 멜레스 멜레스의 발음이 비슷한 데 착안-옮긴이)'일 텐데, 이것은 입 오소리로도 알려져 있다.

》 수레즈 L.K. 쿠마, 수비 마누엘, 마두 P. 시반, '광범위한 잇몸 구더기증 - 진단, 치료와 예방', 구강악안면병리학 저널, 2011년 9~12월, www.ncbi.nlm.nih.gov.

Day - 202

FACT : 지금의 뉴욕이 더러운 곳이라고 생각한다면, 아마 1800년 대에는 그곳에서 사는 것을 결코 즐기지 못했을 터. 그 당시에는 거리에 그냥 쓰레기가 아니라 **말 똥, 말파리, 말 시체들이 가득했으니** 말이다. 말과 관련된 오물들이 그득했기에, '분말 똥' 구름으로 묘사되기도 했다.

그 중 일부는 오늘날까지 남아, 지각력을 얻어 공직에 출마하는 데 성공했다.

》 제니퍼 리, '말들이 공중보건상의 위험이 되었던 때', 시티 룸, 2008년 6월 9일, www.cityroom.blogs.nytimes.com.

Day - 203

FACT : 직장인의 25~30퍼센트가 직장생활 동안 한 번쯤은 직장 내 괴롭힘을 당한다.

그들은 당신의 점심값이 아니라 주차 공간을 빼앗곤 한다.

》지나 브리너, '연구: 직장을 '교전 지역'으로 만드는 직장 내 괴롭힘 가해 집단', 라이브 사이언스, 2006년 10월 31일, www.livescience.com.

Day - 204

FACT : 완두콩을 잘 안 씹으면 뱃속에서 자라날 거라는 말은 무슨 미신처럼 들릴 수도 있지만, 만약 잘못해서 완두콩을 폐로 들이마시게 되면 정말 그런 일이 생길 수 있다. 아직도 미신 같다고? 2010년 케이프 코드의 한 남성에게 실제로 그런 일이 일어나서, 의사는 **그의 가슴 속에서 뿌리를 내리고 싹을 틔운 완두콩을 뽑아내**야만 했다.

바로 그런 걸 '유기농' 채소라고 하는 거지! 고마워요, 여러분, 우리는 일주일 내내 여기 있을게요.

》 로라 블루, '완두콩이 폐에서 자라다니?', 〈타임〉, 2010년 8월 13일, https://healthland.time.com.

Day - 205

FACT : 쇼핑 카트 때문에 다치는 아이들이 매년 2만4천 명에 달한다.

그래서 많은 밀레니얼 세대 부모들은 아이들이 18세 이상이 될 때까지 베이비본에 태워 다니기로 마음먹고 있다.

≫ '연구 결과, 매년 2만4천여 명의 아이들이 쇼핑 카트로 인한 부상으로 병원에 간다', 허프포스트, 2014년 1월 25일, www.huffpost.com.

Day - 206

FACT : 입맛이 고급이라 캐비어를 즐겨 먹는가? 그 호화로운 생선 알 업계 일부에서는 으레 붕사를 보존제로 사용한다.

그러니까 그냥 직접 철갑상어를 키워서, 그 알을 치약처럼 꾹 짜서 접시에 담는 것을 추천한다.

》 나탈리 B. 컴튼, '데이비드 장이 캐비어를 아이다호에서 구하는 이유', 〈지큐〉, 2017년 7월 13일, www.gq.com.

Day - 207

FACT : 호텔, 병원 등의 커다란 회전문 바로 옆에 항상 일반 문이 설치되어 있는 이유를 생각해본 적 있는가? 당신이 어떤 추측을 했던 간에, 진짜 이유는 아마 더 섬뜩할 것이다. 1942년, 보스턴의 '코코아 넛 그로브'라는 나이트클럽에서 불이 나 **5백 명에 가까운 사람들이 사망에 이르렀는데** 그들이 입구에서 갇히게 된 원인이, 당신도 짐작했겠지만, 유일한 출구였던 회전문에 끼어서였기 때문이다.

불이 난 이유는 밝혀지지 않았지만, 아마 코트 체크룸에 있던 어마어마한 양의 인화성 높은 주트 수트(zoot suit, 1940년대에 미국에서 유행했던 오버사이즈 수트-옮긴이)들과 관련이 있었을 터.

》 '가장 치명적이었던 미국 나이트클럽 화재, 안전기준과 화상 관리에 영향 미쳐', CBS 뉴스, 2017년 11월 28일, www.cbsnews.com.

Day - 208

FACT : 일본의 아오가시마(아오가 섬)는 일본에서 가장 외진 곳에 있지만 사람이 사는 섬이다. 그 섬은 이주해 오고 싶어 하는 사람들이 너무 많다는 문제에 직면할 일은 없을 듯하다. 본토에서 그곳으로 갈 수 있는 방법이 헬리콥터나 연락선뿐이어서가 아니라, **그 섬 전체가 활화산의 한가운데에 있기 때문이다.**

하지만 친척들의 방문을 싫어하는 사람들이 은퇴 후에 살 곳으로는 최적의 장소이다.

》 제니퍼 네일위키, '활화산 안에 지어진 일본의 조용한 도시', 〈스미소니언 매거진〉, 2016년 7월 5일, www.smithonianmag.com.

Day - 209

FACT : 박쥐보다 더 무서운 건 무엇일까? **동굴 천장에 거꾸로 매달려 박쥐를 잡아먹는** 엄청나게 큰, 독이 있는, 다리가 여러 개인 벌레는 어떤가? 바로 이런 시나리오가 아마존 정글에서 밤마다 일어나는데, 대왕 지네가 뒷다리들을 천장에 붙인 채 휙 지나가는 불운한 박쥐들을 잡아채는 것이다.

운 좋으면 자연에서 그보다 더 소름끼치는 것을 찾을 수 있을 터.

》 펠리시티 넬슨, '박쥐를 먹는 지네와 거미', 사이언스 얼러트, 2014년 5월 22일, www.sciencealert.com.

Day - 210

FACT : 오하이오주에서는 물고기를 술 취하게 하는 것이 불법이다.

하지만 자기가 원해서 마시겠다는 걸 말릴 수는 없을 터.

》 알렉스 웨이드, '세상에서 가장 이상한 법들', 〈타임스〉(런던), 2007년 8월 15일, www.thetimes.co.uk.

Day - 211

FACT : 여러 가지 문제를 잊으려고 마가리타를 마실 때에는 몸에 쏟지 않도록 조심하라, 안 그랬다가는 고민이 한 가지 더 늘게 될 테니까. 왜냐하면 피부에 묻은 라임즙이 햇볕을 받으면 식물 광선 피부염(phytophotodermatitis)이 생길 수 있기 때문이다. 이는 본질적으로 **해당 신체 부위에 2도 화상**을 입는 것과 같다.

경험 많은 고주망태 은퇴자들이 입증하듯이, 칵테일과 누드 비치는 위험한 조합이다.

》쉘비 데니얼슨, '마가리타 피부염? 라임즙과 태양으로 인한 2도 화상', 〈USA 투데이〉, 2015년 6월 2일, www.usatoday.com.

Day - 212

FACT : 이산화 타이타늄(titanium dioxide)은 생산업체들이 치약, 비스킷, 선크림을 만들 때 사용된다. **이것은 또 쥐에게 암을 일으키기도 한다.**

어떠한 쥐도 화이트 비스킷을 포기할 만한 가치는 없다.

》 벤자민 켄티시, '학자들, 치약과 식품에 들어가는 첨가물이 암을 유발할 수 있다', 〈인디펜던트〉, 2017년 1월 24일, www.independent.co.uk.

Day - 213

FACT : 미국 식품의약국(FDA)은 토마토 주스 약 110그램당 구더기 네 마리와 초파리 알 스무 개를 허용한다.

블러디 메리를 네 잔쯤 마신 뒤에는 거기서 임질에 걸린 바퀴벌레가 나온다고 해도 신경 안 쓸 듯.

》 마리아 신토, '당신이 먹는 음식에 허용되는 벌레의 부분들', 매시드, www. mashed.com.

Day - 214

FACT : 북아메리카에서 발생한 석 달간의 열파(heat wave)로 인해 퀘벡주에서만 약 75명이 사망하고 **로스앤젤레스에서는 3만4천** 가구가 일주일간 정전되었다.

석 달이면 열파라기보다는, 열 쓰나미라고 하는 게 맞을 듯.

》 '퀘벡주, 열파 때문에 약 70명 사망', CNN, 2018년 7월 10일, www.cnn.com.

Day - 215

FACT : 스페인의 사모라와 인도의 카랄라 같은 지역들에는 붉은 색소를 생성하는 조류(algae)가 있다. 이 조류는 보통 수원지의 민물에서 발견되지만, 공기 속으로 들어가 비구름들 안에서 떠다니기도 한다. 그 결과 앞서 말한 도시들에서는 사실상 **하늘에서 피가 내리는** 것처럼 보이는 날씨 현상을 경험하게 된다.

모든 점을 고려했을 때, 그건 저스틴 비버가 새 앨범을 낼 때마다 그 벌로 캐나다에 육식 독 두꺼비 비가 내리는 것보다 더하다.

》 데이비드 닐드, '학자들, 스페인 '핏빛 비'의 (부분적) 이유 발견', 사이언스 얼러트, 2015년 11월 16일, www.sciencealert.com.

Day - 216

FACT : 천연가스에서 썩은 달걀 냄새가 나는 건 자연적 현상이 아니다. 그것은 냄새를 풍길 목적으로 일부러 첨가된 물질, 메르캅탄 때문이다. 에너지 회사들이 짓궂은 장난꾸러기들이기 때문이라서가 아니라, 텍사스의 한 학교에서 **무취의 가스로 인해 3백여 명의 학생들이 목숨을 잃었기** 때문이다.

그러니까 다음번에는 집안에서 꼭 멕시칸 음식을 잔뜩 먹은 노인 냄새가 난다고 불평하기 전에 한 번 더 생각해 볼 것.

〉 '오늘의 응답자들, 1937년 텍사스의 비극이 남긴 참사 방지의 교훈', 응답 및 복원 담당실, 미국 해양대기관리처, 2015년 2월 17일, https://response.restoration. noaa.gov.

Day - 217

FACT : 다음번에 아침식사용 오트밀을 허겁지겁 먹을 때에는, 부디 아이들을 생각하길. 아니, 개발도상국들의 굶주린 아이들 말고. 퀘이커 오츠(Quaker Oats)사가 1940년대에 어떤 수상한 실험의 일환으로 **일부러 방사능을 띤 오트밀을 먹였던** 고아원의 아이들과 발달 장애 아이들을 말하는 것이다.

그리고 그들 중 단 한 명도 오트밀로 인한 초능력을 갖게 되지는 못했다.

》 로렌 브아소노, '설탕 한 숟갈이 방사능 오트밀을 목구멍으로 넘기도록 해주었다', 〈스미소니언 매거진〉, 2017년 3월 8일, www.smithonianmag.com.

Day - 218

FACT : 이제는 많은 사람들이 기계적으로 자주 항균 손 소독제를 짜서 바르며, 매장들에서도 직원이나 손님들 모두 소독제를 아낌없이 쓰기를 권장하고 있다. 물론 손에 기어 다니는 더러운 무언가를 옮기는 것보다야 훨씬 낫지만, **태아의 발달 이상**에는 안 좋은 영향을 미친다. 최근 한 연구는 손 소독제가 태아의 발달 이상을 일으킬 수 있다고 밝혔다.

하지만 적어도 아기의 머리 일곱 개 하나하나가 먼지 하나 없이 깨끗할 터.

》로빈 벅스, '항균 제품들, 임신부와 태아에게 위험할 수 있어', 테크 타임스, 2014년 8월 11일, www.techtimes.com.

Day - 219

FACT : 방금 산 새 옷을 세탁하지 않으면 옴 또는 이가 옮을 확률이 높다.

그리고 빗물 배수관에서 꺼낸 꽉 끼는 흰 팬티는 그 확률이 두 배이다.

》 멜리사 로커, '새 옷을 입기 전에 꼭 세탁해야 하나?', 〈엘르〉, 2016년 6월 16일, www.elle.com.

Day - 220

FACT : 자동 안전벨트는 사고가 났을 때 그 당사자의 목을 자르는 고약한 습성이 있다.

그러나 머리가 피 묻은 포탄처럼 앞 유리창을 뚫고 나가면 그 지역 소방서의 전설로 남게 될 것은 확실하다.

》 존 자렐라, '존 자렐라: 자동 안전벨트 안전', CNN, 2001년 5월 21일, www.cnn.com.

Day - 221

FACT : 호주 뉴사우스웨일스주의 작은 도시, 와가와가에서는 몇 년 전 홍수 문제로 주민들이 임시로 거주지를 옮겨야 했다. 하지만 물 범람은 그 이후에 닥친 일에 비하면 아무 것도 아니었으니, 바로 더 높은 곳을 찾던 온 동네 거미들이 **모든 집과 사업체들의 위, 아래, 그리고 안에까지 떼로 밀고 들어갔던 것.** 다행히 그 주인인 피난민들은 당시 아무 것도 알지 못했다.

연방정부는 그 도시의 대표자들이 긴급 지원을 요청하면서 대량의 네이팜 폭탄을 포함시키는 것을 보고 처음에는 좀 황당해했다고.

》 시리아크 라마, '홍수를 피하던 거미들, 거대한 거미줄로 호주의 도시를 에워싸다', 기즈모도, 2012년 3월 6일, https://io9.gizmodo.com.

Day - 222

FACT : 현재의 이혼 절차가 잔인하게 여겨진다면 **부부 간의 분쟁을 공인된, 난폭한 싸움으로 해결했던** 중세 시대에 살지 않았던 것을 다행으로 생각하기를. 기록에 따르면, 남편은 허리 높이의 구멍에 들어가 곤봉을 들고, 아내는 돌이 든 슬링으로 무장했다. 그리고는 서로를 사정없이 때리기 시작하는데, 먼저 죽지 않은 사람이 우승자였다.

중세의 이혼 변호사들은 아마 남겨진 동전을 찾아 패배자들의 주머니를 샅샅이 뒤졌을 듯.

》 에이드리언, '전투에 의한 심판, 또는 중세의 이혼 법원', 리플리의 믿거나 말거나 (Ripley's Believe It or Not), 2016년 2월 16일, www.ripleys. com.

Day - 223

FACT : 베수비오 산(폼페이를 녹여버린 것으로 유명한)만이 장화 모양의 이탈리아 영토에서 유일하게 용암을 분출하는 것은 아니다. 캄피 플레그레이(지구상에서 가장 위험한 화산들 중 하나)라는 초대형 화산이 최근 불길한 움직임을 보이고 있다. 전문가들이 오래지 않아 일어나리라고 예상하듯이 만약 이 화산이 폭발하면, 인근 도시 나폴리의 1백만 시민들은 **도망치거나, 다 녹은 찌꺼기가 되어버릴 그들의 집에서 죽는 수밖에 없다.**

주민들은 계속 주위에서 일어나는 일들에 주의를 기울이고 있어야 한다. 뭔가 음란한 짓을 하다가 그런 일을 당하면 영원히 낮 뜨거운 동상으로 남을 수도 있으니까.

》해나 오스본, '캄피 플레그레이: 위험한 초대형 화산 밑에 형성된 마그마, 대규모 폭발의 신호일 수도', 〈뉴스위크〉, 2018년 11월 14일, www.newsweek.com.

Day - 224

FACT : 살면서 구역질나는 광경을 좀 덜 보고 싶다면 정기적으로 바비큐 그릴을 청소하는 것이 중요하다. 하지만 청소용 와이어 브러시에서 자주 빠지는 작은 철사 가닥들을 놓치지 않도록 주의해야 한다. **그것들이 음식에 들어가는 바람에 병원에 가는 사람들이 수천 명**인데, 이들의 장 속에서 그 철사들이 참사를 일으키기 때문이다.

당신이 애호박 같은 것만 구워 먹는 사람이라면, 바비큐 신들은 당신을 벌할 다른 방법을 찾을 터.

》 T.P. 버, J.B. 해들리, C.W.D. 장, '그릴 주의: 바비큐 브러시의 와이어 가닥들, 심각한 부상 유발 가능', 사이언스 데일리, 2016년 5월 24일, www.sciencedaily.com.

Day - 225

FACT : 1981년 스위스 로이크의 어느 교회가 보수공사를 하던 중, 지하에서 미스터리한 방(지금은 납골당이라 부르는)이 발견되었다. **온 방안이 사람의 두개골들로 빽빽이 채워진** 그 방은 중세 시대 어느 시점에 지어진 것으로 보이지만 누가, 왜 지었는지는 알려지지 않았다.

전부 수백 년 뒤의 미래에 공사장 인부를 놀라 까무러치게 할 계획의 일부였을 터.

》 레오 S., '스위스: 로이크의 비밀 납골당', 랜덤 타임스, 2018년 11월 17일, https://random-times.com.

Day - 226

FACT : 번개는 옆으로도 이동하기 때문에 눈에 보이지 않는 뇌우에 맞을 수도 있다.

만약 이런 일이 두 번 이상 일어난다면 교회에 더 자주 나가는 것을 고려해 봐야 할 터.

》 케이트 커쉬너, '하늘이 맑으면 번개로부터 안전할까?', 하우 스터프 웍스, https://science.howstuffworks.com.

Day - 227

FACT : 차 안에서 담배에 불을 붙였을 때 방향제 때문에 축적된 가스들이 있으면 자동차가 폭발할 수도 있다.

그러니 '흡연은 다이너마이트를 가득 채운 주머니쥐처럼 당신을 폭발시킬 수 있다'는 공익 캠페인이 음흉하게 느껴졌을 듯.

》 '사우스엔드 비앤큐(B&Q) 주차장에서 방향제 때문에 자동차 폭발해', BBC, 2017년 9월 6일, www.bbc.com.

Day - 228

FACT : 1930년대에 미국에 닥친 〈분노의 포도〉에서와 같은 끔찍한 상황을 기억하는가? 전문가들은 또 다른 더스트 볼(Dust Bowl, 1930년대에 미국 남부 대평야 지대에 불어 닥쳤던 흙먼지 폭풍-옮긴이)의 비극이 찾아올 수도 있다고 경고하고 있다. 변화된 기후 때문에 대평원이 다시 척박해지고 **폐를 손상시키는 입자들을 공기 중으로 배출**함으로써 '분진 폐렴(dust pneumonia)'과 같은 안 좋은 상태를 야기할 수 있기 때문이다.

설상가상으로, 우울한 소설들이 한 무더기 새로 쓰여 아이들이 학교에서 억지로 읽어야 하는 일이 생길 수 있다.

》 톰 맥케이, '학자들, 기후 변화로 역사책 속의 더스트 볼이 다시 일어날 수 있다고 경고', 기즈모도, 2017년 7월 17일, https://gizmodo.com.

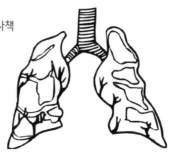

Day - 229

FACT : 영화 〈에일리언〉에서 제노모프는 무서워 보이는 것 말고는 달리 무슨 중요한 기능을 하는 것 같진 않아 보이는 두 번째 입을 갖고 있다. 하지만 이와 똑같은 해부학적 특징을 갖고 있으면서 실제로 그 입을 사용하는 동물이 존재한다. 곰치는 다른 물고기들처럼 먹이를 삼킬 수 없어서, 자신의 '인두 턱'을 이용해 **잡은 물고기에게 치명상을 입히고 이가 나 있는 입안으로 끌어당긴다.**

이래도 계속 상어들이 호러 영화의 주인공 역할을 꿰찬다면, 곰치들은 반드시 더 나은 에이전트를 구해야 할 듯.

》 매트 사이먼, '이 주의 황당 생물: 목구멍에서 에일리언 입을 발사하는 곰치', 〈와이어드〉, 2014년 4월 4일, www.wired.com.

Day - 230

FACT : 몇 년 전 캘리포니아 해변에서 폴이라는 네 살짜리 아이가 넘어져 무릎에 찰과상을 입었을 때, 폴의 부모는 부모로서 당연한 일을 하듯 당장에 그 자리에 밴드를 턱 붙였다. 그러나 그들은 상처를 씻지 않았고, 이에 **그 안에 있던 작은 바다 달팽이 알**이 제거되지 않고 곧 부화하여 감염 부위를 치료하던 응급실의 의사들을 경악하게 만들었다.

그 안에서 문어와 새끼 향유고래를 꺼냈을 때 그들은 한층 더 경악할 수밖에 없었다.

》 에드 패인, '해변에서 찰과상 입은 캘리포니아 소년의 무릎에서 바다 달팽이 부화, 성장해', CNN, 2013년 8월 19일, www.cnn.com.

Day - 231

FACT : 아메리칸 원주민 세미놀 족의 스타이키니(Stikini) 전설은 밤이면 자신들의 영혼(그리고 장기들)을 토해낸 뒤 육식 부엉이로 변신하는 마녀들에 관한 이야기이다. 그들은 부엉이를 먹지는 않고, 사람을 먹는다. 특히 **사람들의 입을 통해 빨아들인 심장을.**

갑자기 "위아-아울(were-owl, 미국 가수 S.J. 터커의 노래-옮긴이)" 소리가 훨씬 덜 귀엽게 들린다.

》 '아메리칸 원주민의 전설적인 인물들: 스타이키니'. 네이티브 랭귀지스, www. native-languages.org.

Day - 232

FACT : 지구의 오존층 파괴는 자외선 노출로 인해 건강이 악화되는 효과를 초래한다. 오존량이 10퍼센트만 줄어도 매년 전 세계적으로 **30만 건의 피부암**과 175만 건의 백내장이 더 발생할 수 있다.

하지만 이제 태닝하기는 더 쉬울 터.

》 '자외선과 건강', 세계보건기구(WHO), www.who.int.

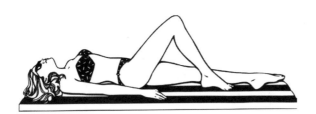

Day - 233

FACT : '나무 우물(Tree wells)'은 나무 밑동 아래에 형성된, 눈에 덮여 잘 보이지 않는 구덩이인데 **많은 스키어와 스노보더들의 목숨**을 앗아가고 있다.

안전을 확실히 보장하려면, 오두막에 머물며 술이나 잔뜩 마시는 방법밖에는 없다.

》 크리스 월너, '나무 우물과 깊은 눈구덩이 관련 질식사고 안전 정보', 스노우브레인스, 2019년 2월 25일, https://snowbrains.com.

Day - 234

FACT : 테트라사이클린(tetracycline)은 당신의 치아가 평생 이상한, 여러 가지 색을 띠게 만들 수 있다.

그리고 첫 진료 때 치과 의사를 간 떨어지게 만들 터.

》 앤서니 J. 버스티, MD, PharmD, FNLA, FAHA, '테트라사이클린 관련 치아 착색 메커니즘', 근거중심의학 상담(Evidende-Based Medicine Consult), 2015년 10월, www.ebmconsult.com.

Day - 235

FACT : 하와이는 2019년에 **뇌를 파먹는 기생충인 쥐 폐선충**에 대한 공개 경고를 발령할 수밖에 없었다. 놀라운 수의 관광객들이 그 꿈틀대는 뇌 해충의 희생양으로 전락하게 되자, 질병 통제 센터는 더 많은 방문객들이 그 '반 민달팽이(semi slug)'의 해악에 굴복하기 전에 조치를 취해야만 했다.

증상은 두통, 발열, 어지러움, 구토 등이다. 이는 기한이 지난 포이(poi, 타로를 발효시켜 먹는 하와이 전통 음식-옮긴이)를 먹었을 때와도 비슷하다.

》 베스 몰, '하와이, 관광객들에게 사람의 뇌를 파고드는 기생충성 벌레 경고', 아스테크니카, 2019년 5월 30일, https://arstechnica.com.

Day - 236

FACT : 우리의 공포는 보통 지구상의 위험들에 국한되지만, 별들 저 너머로부터 닥칠지 모를 무시무시한 운명에 대해 두려워하는 것도 결코 잊어서는 안 된다. 아니면 가장 가까운 별이라도. 왜냐하면 태양 은 어느 때나 고약한 폭풍을 일으킬 수 있기 때문인데, 인구 중심지 들의 **전력망을 사정없이 파괴하는 그 태양 폭발**은 우리를 잠시나마 암흑시대로 보내버리고 수조 원의 손해를 일으킬 수 있다.

우리가 태양으로 쏘아 올렸던 기상학자들 중 그 어떤 유용한 정보를 가 지고 돌아오려는 경우는 아직 없다.

》 '태양 폭풍, 북아메리카 전력망에 위험 요소', 로이즈(Lloyds), 2013년 5월, www.lloyds.com.

Day - 237

FACT : 대부분의 사람들은 광란하는 호랑이에게 상처를 입을까 봐 걱정할 필요가 없다. 하지만 인도의 순다르반스라는 지역에 산다면 분명 일상적 걱정일 터. **매년 최소 예순 명이 호랑이에게 공격을 당하니** 말이다.

그러니까 만약 당신이 순다르반 출신 남자친구에게 당신의 얼룩무늬 고양이를 소개했을 때 괴성을 지르며 기절해도 놀라지 말기를.

》 캔디다 베버리지, '사람 잡아먹는 호랑이와 대면하다', BBC 월드 서비스, 2014년 11월 12일, www.bbc.com.

Day - 238

FACT : 프랑스 혁명이라고 하면 수많은 사람들의 단두대 처단을 떠올리게 되는데, 이는 적어도 희생자들을 신속하게 죽음으로 인도했다. 그러나 그보다 훨씬 더 많은 사람들은 **보트에 올라탐으로써 강제로 조물주를 만나게 되었다.** 더 정확히 말하면, 자살 보트. 프랑스 낭트에서는 특수한 배의 옆면에 남자, 여자, 아이들의 몸을 묶고 의도적으로 가라앉혔다.

카니발 품 크루즈(Carnival poop cruise, 2013년 카니발 트라이엄프호의 엔진 고장으로 승객들이 화장실을 사용하지 못해 배 도처에 배변을 하는 바람에 이런 별명을 얻게 됨-옮긴이)에 타는 것보다야 나은 운명이었을지도.

》제임스 M. 마컴, '낭트 저널: 프랑스의 한 구석, 구체제여 영원하라', 〈뉴욕 타임스〉, 1989년 6월 17일, www.nytimes.com.

Day - 239

FACT : 프랑스를 방문하면 인상적인 고딕 성당들 투어는 다들 한 번쯤 해보게 마련이다. 만약 참수형의 광팬이라면 아미앵 대성당이 취향에 딱 맞을 터. **순교 성인들이 자신의 머리를 손에 들고 있는** 모습을 한 근사한 조각상들이 무수히 많을 뿐 아니라, 세례 요한의 육체에서 분리된 두개골도 볼 수 있기 때문이다.

그가 거세가 아닌 참수를 당해 죽은 것이 우리에게는 다행인 듯.

》 '조각상들, 외관, 아미앵 대성당', 포토리브라, 2009년 1월 24일, www. fotolibra.com.

Day - 240

FACT : 호주의 마비 진드기(paralysis tick)는 당신을 마비시키고 과민성 쇼크로 죽일 수도 있다.

학계가 발견한 가장 좋은 치료법은 호주에 살지 않는 것이다.

》 스티브 보겔, 엘라 민튼, '호주의 마비 진드기', 호주 박물관(Australian Museum), 2018년 4월 12일, https://australianmuseum.net.au.

Day - 241

FACT : 러닝머신은 1900년대에 **고통을 통해 죄수들을 갱생시키는 방법으로** 고안되었다.

반면 실내 자전거는 누가 봐도 국소적 엉덩이 통증 완화 크림 업계의 고안품이 틀림없었다.

》코리 프로틴, 매튜 스튜어트, '러닝머신은 본래 죄수들의 고문 기구로 쓰였다', 비즈니스 인사이더, 2017년 4월 13일, www.businessinsider.com.

Day - 242

FACT : 그 '작은 파란색 알약'은 많은 관계들의 구세주가 되어 주고 있다. 하지만 비아그라는 처음 시장에 나왔을 때 **5백 명이 넘는 사람들을 사망에 이르게 했다.** 이제는 문제가 다 해결 됐다고? 아니! 그 이후로도 발기 부전 치료제로 인한 '부작용' 보고는 매년 평균 26,451건에 달하며, 심장마비 사망자 수도 계속… 오르고 있다.

그 진부한 비아그라 관련 농담들을 그에 걸맞은 경멸과 조소로 넘길 수 있으려면 대체 얼마나 더 많은 사람이 죽어야 하나?

》 마이클 캐슬먼, MA, '남자들에게 경고: 발기 부전 치료제가 당신을 죽일 수 있다', 〈사이콜로지 투데이〉, 2014년 12월 15일, www.psychologytoday.com.

Day - 243

FACT : 올빼미는 정말 귀엽긴 하지만, 결국 최상위 포식자라서 그 잔인함의 정도를 배가시키는 데 완전히 능통하다. 그것도 아주 창의적으로! 설치류의 수가 늘어나는 철이 되면 올빼미는 그 기회를 이용해 **자기 희생물의 죽은 시체들로 푹신한 죽음의 둥지를 만든다.**

아무 것도 모르는 들쥐여, '누구를 위하여 좋은 울리나'라고 묻지 말기를.

》 새라 도허티, '흰올빼미, 레밍 많은 철에 죽은 레밍들로 둥지 지어', PRI, 2014년 3월 23일, www.pri.org/stories.

Day - 244

FACT : 거미공포증이 있는 사람들이 때로는 거미들보다 훨씬 더 무서울 수 있음을 증명하듯, 인디애나주 시러큐스의 한 여성은 어깨에 기어오른 거미를 발견하고는 **자신이 몰던 차에서 뛰어내렸다.** 이 사고로 누가 가장 무서웠냐고(거미 빼고)? 그건 그녀가 탈출한 뒤 차 안에 홀로 남게 된 그녀의 아들이었다.

아이는 무사했다. 그러나 거미는 그 이후 평생 멍청이 공포증에 시달렸다고 한다.

》 지미 엔수부가, '어깨 위의 거미 발견하고 달리는 차에서 뛰어내린 엄마', 〈메트로〉, 2015년 9월 22일, https://metro.co.uk.

Day - 245

FACT : 네덜란드의 작은 마을 퓌르머렌트는 2015년 공중의 위협에 시달렸다. 하나의, 단호한 공격자였던 그것은 바로 올빼미였다. 비웃기 전에, 그 새의 공포 시대에 수십 명이 상처를 입었고 그 새가 **장애인의 집의 직원과 거주인들에 대한 공격을 특히 더 즐겼다**는 점을 알아둘 것.

아마도 살아 있는 쥐를 장신구처럼 몸에 걸치는 네덜란드의 최신 패션 트렌드와 관계가 있었을 듯.

》해나 블로치, '올빼미 한 마리가 네덜란드 마을의 주민들 공격, 상해', NPR, 2015년 2월 25일, www.npr.org.

Day - 246

FACT : 〈USA 투데이〉의 조사 결과, 미국 50개 주의 2천 개가 넘는 상수도에서 독성 납 오염도가 미국 환경 보호청의 기준을 뛰어넘었다.

몰에서 서점을 찾기가 어려워진 이유를 이렇게 알게 되는군.

〉 앨리슨 영, 마크 니콜스, '플린트만이 아니다: 50개 주 전체의 약 2천 개 상수도에서 기준 초과 납 발견', 〈USA 투데이〉, 2016년 3월 27일, www.usatoday.com.

Day - 247

FACT : 뉴욕 진드기들은 전염성이 있는 벌레들을 지니고 있는 것으로 밝혀졌다.

_____

당신은 매년 브롱스에서 쥐들과 꼭 붙어 있으려던 휴가 계획들을 재고 해보고 싶을 터.

》수전 브링크, '우려해야 할 또 다른 진드기 매개 질병', NPR, 2019년 6월 1일, www.npr.org.

Day - 248

FACT : 호주의 한 농장 일꾼 관리인은 **딸기에 바늘을 집어넣은** 일로, 그 딸기들이 출하되기 전에 붙잡혔다.

살인광들의 음식 조작이 핼러윈 때에만 있는 일이라고 누가 그랬어?

》로이터 통신, '딸기 바늘 소동: 호주 농장 관리인 기소', NBC 뉴스, 2018년 11월 12일, www.nbcnews.com.

Day - 249

FACT : 요즘은 거의 누구나 문신을 하는 듯 보이는데도, 잉크에 정확히 무엇이 들어있는지에 대해 규제가 거의 없는 것이 이상하다. 보통은 플라스틱이나 섬유 등 다른 산업에서 쓰이다 용도 변경된 물질들이며, 중금속을 비롯한 온갖 암 유발 성분들도 함유된 것으로 밝혀졌다. 때로는 문신에 금속이 너무 많아서 **MRI 검사를 받고 3도 화상에 걸리기도** 한다.

당신의 왼쪽 엉덩이 위에 있는 '마이 리틀 포니'가 그토록 지독하게 반항하리라고 누가 의심이나 했을까?

》 새라 에버츠, '당신의 문신에는 어떤 화학 물질이 들어있을까?', 〈화학과 공학 뉴스 (Chemical and Engineering News)〉, 2016년 8월 15일, https://cen.acs.org.

Day - 250

FACT : 운 좋게 미국에서 슈퍼볼을 관람하게 된다면, 게임 도중 순간적으로나마 **소총 조준경의 십자선이 당신의 머리 위를 겨냥할 가능성이 아주 높다**는 사실에 대해 너무 깊게 생각하지 말기를. 이는 반테러 안보 활동의 일환으로 주최 측이 전문 저격수를 고용하고 있기 때문이다.

그리고 AFC 선수권에서 이글스가 또 이길지 모르니까 고주망태들을 위한 특대형 오수 탱크를 준비해 놓도록.

》 배리 페체스키, '이건 마치 슈퍼볼의 요새화된 저격수 은신처 같다', 데드스핀, 2012년 2월 7일, https://deadspin.com.

Day - 251

FACT : 칼만 증후군(Kallmann syndrome)은 거의 악몽에 가까운 상태이다. 이는 **사춘기를 전혀 경험하지 못하게** 하는 방식으로 당신의 발달에 영향을 미치는 장애이기 때문이다. 설상가상으로, 당신은 후각 장애까지 얻게 된다.

적어도 당신은 방귀를 그저 재미있는 것으로만 여길 뿐, 그것이 주위에 끼치는 영향 때문에 괴로워할 일은 없을 터.

》 '칼만 증후군', 미국 국립 의학 도서관, https://ghr.nlm.nih.gov.

Day - 252

FACT : 두꺼비 파리(Lucilia bufonivora)는 그와 유사한 종들에 비해 일반적으로 혐오스럽다는 평판을 듣는 종이다. 이 똥파리는 꿈틀대는 유충들을 부패한 시체에 두는 것에 만족하지 않고, 아무 죄 없는 두꺼비의 얼굴에 알을 낳는다. 그러고 나서 구더기가 부화하면 그 불운한 두꺼비의 **얼굴을 뜯어먹어** 죽게 만든다. 그 다음에는 남은 모든 것을 먹어 치운다.

그러므로 당신이 파리채로 파리를 찰싹 잡을 때마다, 어딘가에서 두꺼비는 감사의 눈물 한 방울을 흘릴 터.

》 '두꺼비 파리(Lucilia Bufonivora)', 정원 야생동물 보건 기구(Garden Wildlife Health), www.gardenwildlifehealth.org

Day - 253

FACT : 다음에 벨기에에 가게 되면 브뤼셀에 있는 안더레흐트 수의과 대학에 꼭 가볼 것. 그래, 버려진 곳은 맞지만, 그게 곧 볼거리가 없다는 의미는 아니다. 뇌, 내장, 온갖 종류의 동물들의 신체 일부를 넣고 포름알데히드를 채운 유리병들. **'고양이 다리를 붙인 송아지 머리'**와 더불어, 수십 년간 공포에 얼어붙은 채 그대로 보존된 완전한 표본들도 물론 있다.

보아하니, 말할 수 없이 혐오스러운 것들을 다루는 금지된 과학 분야에서는 벨기에가 선두에 서 있는 듯.

》 크리스 스투버, '사진가가 탐험한 버려진 수의과 대학, 그 소름끼치는 광경', 버즈닉, www.buzznick.com.

Day - 254

FACT : 거의 모든 소고기 다짐육은 **대변 오염 관련 세균**을 소량이나마 함유하고 있다. (똥 샌드위치를 맛있게 들기를!)

이제 패스트푸드점에서 피클 빼는 걸 까먹는다고 해도 그리 역겨워 하지는 않을 듯, 맞지?

》 앤드리아 록, '당신의 소고기 다짐육은 얼마나 안전한가?', 〈컨슈머 리포트〉, 2015년 12월 21일, www.consumerreports.org.

Day - 255

FACT : 다음번에 몰에 가면 에스컬레이터를 탈 때 장갑을 끼고 싶어질 터. 그 고무 손잡이는 보통 **대장균, 소변, 점액, 대변, 피로** 덮여 있으니 말이다.

일반적인 푸드 코트의 아기 의자에 비하면 대변은 덜 묻어 있는 편.

》 '웩! 몰에서 세균이 가장 많은 곳 8', CBS 뉴스, www.cbsnews.com.

Day - 256

FACT : 몇 년 전 로스앤젤레스 세실 호텔의 손님들은 수질에 대해 관리부에 항의했다. 수도꼭지에서 몇 주간 변색되고 냄새 나는 물이 나온 이유를 조사해보니, 사람들이 그토록 불쾌한 샤워를 경험했던 원인은 바로 **물탱크 속에 들어 있던, 부패가 시작된 사람 시체**였다.

더 이상은 '센물(경수)' 때문에 항의하는 일은 없겠지, 응?

》앨런 듀크, 'LA 호텔 물탱크에서 시신 발견', CNN, 2013년 2월 21일, www.cnn.com.

Day - 257

FACT : 부모님이 당신을 기르는 방식 때문에 문제가 있었던 적이 있나? 최소한 당신의 부모님은 당신을 심리학적 실험의 대상으로 삼아 허구의 이야기인 〈스타트렉〉의 클링온 언어로만 말을 하지는 않았을 터. 이는 조지타운 대학교 언어학과 학생의 불운한 아들에게 실제로 있었던 일이다.

지금으로부터 몇 년 뒤 그 아버지가 지나치게 난폭한 벌칸식 신경 꼬집기(Vulcan nerve pinch, 〈스타트렉〉의 벌칸족이 상대의 목 아래 압점을 꼬집어 기절시키는 기술-옮긴이)로 인해 죽은 채 발견된다고 해도 놀랍지 않을 듯.

》 에디 딘, '클링온을 제2외국어로', 〈워싱턴 시티 페이퍼〉, 1996년 8월 9일, www.washingtoncitypaper.com.

Day - 258

FACT : 캘리포니아주 데이비스 시니어 고등학교의 한 여학생은 집에서 만든 쿠키를 친구들과 나눠 먹기 위해 학교에 가져갔다. 그걸 먹어본 몇몇 아이들이 질감이 이상하게 모래 같다고 생각하던 차에, 그 여학생으로부터 거기에 '특별한 재료'가 들어갔다는 말을 들었다. 나중에 밝혀진 바에 따르면 **그 쿠키는 그 여학생의 돌아가신 할아버지의 화장한 유해로 구운 것이었다고.**

"그게 맛있었다면, 내 스페셜 육포도 기대하렴."

≫ 콜린 드루리, '경찰, 여학생이 할아버지의 유해 넣어 구운 쿠키를 반 친구들에게 나눠 줘', 〈인디펜던트〉, 2018년 10월 18일, www.independent.co.uk.

Day - 259

FACT : 요즘 유전자 검사 웹사이트들이 인기몰이를 하고 있지만, 계보에 관한 진실을 알게 된 충격이 얼마나 큰 정신적 파괴를 야기할 수 있는지 아는 사람은 거의 없다. 이것이 얼마나 만연한 문제이면, 전 세계적으로 DNA에 담긴 어두운 비밀 때문에 파괴된 삶을 살게 된 사람들을 돕는 단체들이 셀 수 없이 많다.

이 이야기가 우습게 들린다면, 당신이 샤이아 라보프의 먼 친척임을 알게 되는 비극을 상상해보라.

》 '예기치 않은 결과들', 국제 유전계보학회(International Society of Genetic Genealogy), https://isogg.org.

Day - 260

FACT : 조개가 좀 징그럽다고 생각한다면 피조개(blood clam)라고 불리는 진미는 멀리해야 할 듯. 이런 별명이 붙은 이유는 그 조개가 이례적으로 많은 양의 헤모글로빈을 생산해서 열 때마다 마치 **도끼 살해 범죄 현장처럼 보이기** 때문이다. 재미있는 점은, 일부 국가들에서는 그것들에 간염이나 장티푸스균이 우글댄다는 이유로 금지시킨다는 것이다.

하지만 그 조개는 메인 코스로 클라미디아 랍스터를 먹기 전에 더할 나위 없이 잘 어울리는 애피타이저가 된다.

≫ 캐서린 쉴컷, '코브(Cove)에서 오늘 저녁 피조개를 메뉴에 올려', 휴스턴 프레스, 2013년 1월 10일, www.houstonpress.com.

Day - 261

FACT : 현대의 런던 브릿지는 인기 있는 관광지이지만, 중세의 그곳은 훨씬 더 흥미로웠다. 주된 이유는 **반역자들의 잘린 머리들**을 창에 꽂아 거기에 놓아두었기 때문이다.

그때는 브렉시트 같은 문제가 훨씬 더 빨리 해결되었을 듯.

》 하이디 니콜, '옛 런던 브릿지의 머리 관리인', 미디엄, 2016년 4월 21일, https://medium.com.

Day - 262

FACT : 사람들은 종종 죽은 직후에 방귀를 뀐다.

'임종 천명(death rattle)'이란 게 이런 건가?

》 방귀에 관한 믿기 힘든 사실들, www.scoopwhoop.com/inothernews/crazy-fart-facts.

Day - 263

FACT : 일본 여행이 당신의 취향에 맞는 충분한 재미를 제공하지 못했다면, 아름다운 후쿠시마현을 둘러보는 버스 투어에 돈을 좀 써보면 어떨까. 아마 기억하겠지만 그곳은 **참혹한 핵 재난이 일어난 지 10년도 채 안 된 현장**이다. 지금은 안전하냐고? 아직까지는, 그에 대한 대답이 꽤나 우렁차다… "아마도?"

아마 방사선에 노출된 돌연변이 야생 동물을 먹는 것은 엄격히 금지되어 있을 것이다. 아무리 멧돼지들한테 그 맛좋은 다리가 열여덟 개나 달려 있다고 해도 말이다.

》 애리 M. 베서, '후쿠시마에 방문해도 안전한가?', 〈내셔널 지오그래픽〉, 2016년 5월 19일, https://blog.nationalgeographic.org.

Day - 264

FACT : 만약 당신의 음경이 몇 시간 이상 계속 발기되어 있다면 비아그라 같은 약들이 감히 어떻게 당신에게 진찰을 받아보라고 하겠나? 웃고 싶으면 웃어라, 하지만 음경 지속발기증(priapism)이라 불리는 이 상태는 의료적 응급상황으로 간주된다. 원인은 약뿐만이 아니다. 날랜 발차기로 성기를 가격 당해서, 거미에 물려서, 또는 그 부위에 문신을 해서 그렇게 될 수도 있다.

말할 필요도 없이, 문신 시술실에서 애완용 타란툴라, 가라테 도장 친구들과 함께 샤워하는 것은 어떠한 경우에도 경솔하다고 밖에 할 수 없다.

》크리스 일리아디스, MD, '음경 지속발기증의 문제점', 에브리데이 헬스, 2012년 3월 8일, www.everydayhealth.com.

Day - 265

FACT : 1980년대 후반 소련의 철의 장막이 내려졌을 때, 루마니아 부쿠레슈티에서는 모든 고아원들이 폐쇄되었다. 이로 인해 **거리의 부랑아들 집단은 그 도시의 더러운 지하 터널에서 살게** 되었다. 그리고 오늘날 그곳에는 '하수구의 왕(King of the Sewers)'이 이끄는 하나의 사회가 형성되어 있다.

그곳의 인구는 초자연적인 살인 어릿광대들에 의해 조절될 터.

》 밥 우드러프, 크리스틴 로모, 로렌 에프런, '터널 속 인생: 부쿠레슈티의 지하세계 안, 루마니아의 하수구 아이들', ABC 뉴스, 2014년 11월 28일, https://abcnews.go.com.

Day - 266

FACT : 양코파리는 그 이름에 걸맞게 보통은 양에게 고통을 주지만, 때로는 그 유충이 사람의 눈알로 들어가기도 한다. 그것이 눈 안에서 활개 치는 동안 눈구더기증(ophthalmomyiasis)이라 불리는 상태가 일어날 수 있다. 이것은 기본적으로 눈 안에 초대받지 않은 손님이 들어왔을 때 일어나는 결과로, 그것이 **꿈틀대며 돌아다니고 안구의 즙을 전부 빨아 마시는 것**이다.

하지만 눈꺼풀을 비집으며 '내 작은 친구에게 인사해!'라고 말하고 다니면 얼마나 많은 친구들을 사귈 수 있을지 상상해보라.

》 악샤이 J. 반다리, 수레카 방갈, 프라틱 Y. 고그리, 딥티 파드간, '농촌의 눈구더기증 사례', 나이지리아 안과학 저널(Nigerian Journal of Ophthalmology), 2014년, www.nigerianjournalofophthalmology.com.

Day - 267

FACT : 1986년 체르노빌 핵 재난은 당시 수많은 사람들의 눈을 휘둥그레지게 만든 사건이었다. 그러나 우크라이나에서 일어난 대대적인 핵 참사는 그게 처음이 아니었다. 1957년, 키시팀(Kyshtym) 재난이라는 그와 비슷한 사고가 일어났지만 **미국 중앙정보국(CIA)에 의해 수십 년간 은폐**되었다. 미국인들이 자기 집 근처에서 그런 일이 일어날까봐 겁에 질리는 것을 막는다는 게 그 이유였다.

"CIA 없이는 격변적 대재앙(cataclysmic apocalypse)을 쓸 수 없다" 라고, 그들은 말한다.

》 토마스 라블, '1957년 카시팀
핵 재난과 냉전 시대의 정치',
〈환경과 사회〉, 2012년,
www.environmentandsociety.org.

Day - 268

FACT : 샤워기 헤드는 세균과 기타 위험한 미생물들이 좋아하는 훌륭한 세균 배양기이다.

아이들이 이 사실을 알지 못하도록 하라, 안 그러면 샤워를 한 달에 한 번만 하겠다고 조를 테니까.

》 롭 던, '미국의 샤워기 헤드들 속에 세균 숨어있어', 〈애틀랜틱〉, 2018년 11월 25 일, www.theatlantic.com.

Day - 269

FACT : 의사들은 사우디아라비아 한 남성의 코 안에서 **자라나고 있는 치아**를 발견했다.

그가 재채기를 해서 간호사한테 그걸 쏘지 않은 게 다행이다.

》 바하르 골리푸르, '의사들이 한 남성의 치아를 뺀 곳은 그의... 어디?', 라이브 사이언스, 2014년 8월 7일, www.livescience.com.

Day - 270

FACT : 다음에 바닷가에 놀러갈 때 상어가 나타날까봐 걱정된다고? 오히려 그리로 가는 길에 평화로운 초원에서 펑크 난 타이어 갈 일을 더 걱정해야 할 듯. **매년 상어 때문에 죽는 사람보다 소 때문에 죽는 사람이 더 많으니까** 말이다. 게다가 더욱 걱정스러운 것은, 그러한 공격의 최소 75퍼센트가 의도적이고 악의적이라 추정된다는 점이다.

그러니까 절대, 결코 창문 없는 밴을 타고 소 옆을 지나가서는 안 된다. 소들이 아무리 많은 사탕을 준다고 해도.

》 에스더 잉글리스 아켈, '소는 당신이 아는 것보다 더 치명적이다', 기즈모도, 2015년 3월 12일, https://io9.gizmodo.com.

Day - 271

FACT : 1898년 마리 퀴리가 라듐을 발견했을 때, 프랑스에서는 라듐 열풍이 불어 립스틱부터 페인트, 시계에 이르기까지 수많은 제품들에 재료로 사용되었다. 그 결과, **파리의 거의 모든 사람이 방사성 물질에 노출**되었고, 오늘날까지도 도시 곳곳에서 그 유독성 원소의 흔적을 찾아볼 수 있다.

안타깝게도 더 이상 카페에서 야광 달팽이를 주문할 수는 없다.

》 미셸 로즈, 매리언 두엣, '프랑스의 20세기 라듐 열풍, 여전히 파리를 괴롭혀', 로이터 통신, 2012년 7월 19일, www.reuters.com.

Day - 272

FACT : 트럭에 실려 수송 중이던 죽은 고래가 갑자기 폭발했다. 몸속에서 발생한 메탄가스로 인한 내부 압력이 원인이었다.

분명 냄새가 굉장했을 듯.

》 '실제로 폭발한 동물들의 간략한 역사', 웹에코이스트(WebEcoist), 2008년 9월 5일, www.momtastic.com/webecoist.

Day - 273

FACT : 1892년 8월 11일, 리지 보든은 **친부와 계모를 살해한 죄로 체포**되었다. 둘 다 손도끼에 맞아 사망했는데, 리지의 아버지는 두개골이 부서졌을 뿐 아니라 왼쪽 눈알이 깔끔하게 잘린 상태였다. 보든은 무죄를 선고받았다.

"자기가 한 짓을 본 그녀는, 그의 두개골을 부수고 왼쪽 눈알을 반으로 깔끔하게 잘랐다네." 아니, 이건 좀 어색한데.

》 에드윈 H. 포터, 〈리지(The Fall River Tragedy: A History of the Borden Murders, The Lawbook Exchange, 2006)〉(문학동네, 2019).

Day - 278

FACT : 시리메는 일본의 전설 속 괴물로, **그 이름을 번역하면 '엉덩이 눈(butt eye)'이라는 뜻**이 된다. 이건 우연이 아니라, 어떤 설명할 수 없는 해부학적 장난으로 이 생물은 정말 항문에 커다란 눈알이 달려 있다. 또 네 발을 이용해 뒤로 걷는다는 것도 주목할 점이다. 보고에 따르면 이것은 아무 것도 먹지 않고 그저 밤에 돌아다니며 사람들을 겁주기를 즐긴다고 한다.

눈싸움에 대신 나가 줄 사람을 찾고 있다면 딱 적격일 듯.

》킴 캐머런, '시리메(엉덩이 눈)', 크런치롤(Crunchyroll), 2015년 9월 28일, www.cruchyroll.com.

Day - 279

FACT : 당근 주스는 역겹지 않다고 자기 자신을 설득시키며 건강 관리에 열을 올리는 사람들이여, 부디 너무 많이 먹지 않도록 주의하라. 어느 48세 '건강식품 광팬'처럼 그 주황색 음료 중독의 직접적인 결과로 죽게 될 수도 있으니까. 짧은 시간에 지나치게 많은 비타민A를 섭취하면 테레빈유(소나무에서 얻는 무색의 기름–옮긴이)를 마구 마셔대는 것과 같은 효과로 죽을 수 있다.

그러니 제발, 당신의 가족과 친구들을 역대 가장 난처한 소송 참가인으로 만들기 전에 정신을 차려라.

》 '어느 영국인의 죽음, 당근 주스 중독이 원인',
〈뉴욕 타임스〉, 1974년 2월 17일,
www.nytimes.com.

Day - 280

FACT : 도로 건설 공사 인부로 일하다 보면 뭘 발견하게 될지 모른다. 동전, 낡은 신발 한 짝, 또는 **공동묘지에 묻힌 50여 개의 바이킹 해골들**까지. 이것은 영국의 인부들이 우연히 발견한 고대의 잔인한 대량 학살 현장에서 나왔다.

그 인부들 중 몇몇은 그것을 일종의 계시로 보고, 당장 헤비메탈 밴드를 조직했다고.

》 '도셋의 바이킹 공동묘지 해골들, 런던에서 전시돼', BBC, 2014년 3월 6일, www.bbc.com.

Day - 281

FACT : 놀이공원에서 놀이기구를 탈 때 뭔가를 떨어뜨리면 직원한테 찾아다 달라고 해야 한다는 말을 들어봤나? 그건 정말 좋은 조언이다. 특히 몇 년 전 식스 플래그스 오버 조지아(Six Flags Over Georgia)에서 모자를 주우러 담을 뛰어넘었다가 배트맨 롤러코스터에 **머리가 깔끔하게 잘린** 어느 10대처럼 되고 싶지 않다면.

그나마 그건 그린 랜턴 같은 변변찮은 게 아니라 다크 나이트였다.

》 미국 연합통신, '식스 플래그스 오버 조지아에서 한 십대 목 잘려', NBC 뉴스, 2008년 6월 28일, www.nbcnews.com.

Day - 282

FACT : 임신한 염소가 어느 정확한 시점에 익시아(corn lily)라는 식물을 먹게 되면, **어김없이 머리 한가운데에 큰 눈이 하나만 달린 아기 염소가 태어난다.**

개인 키클롭스 군대를 이끌고 세계를 장악하려는 시도는 금물.

》 '키클롭스와 백합에 대하여: 사이클로파민(Cyclopamine)의 합성에 대한 새로운 전략, 잠재적 암 치료제', 피스 오알지(Phys Org), 2009년 8월 7일, https://phys. org.

Day - 283

FACT : 나쁜 소식: 의사가 당신의 눈알에 종양이 있다고 한다. 더 나쁜 소식: 그 종양은 윤부 유피낭종(limbal dermoid)이라 불리는 것인데 털도 자란다.

아마 그걸 땋아도 아무도 알지 못할 터.

》 레이첼 레트너, '희귀 종양으로 인한 '털 난 눈알'', 라이브 사이언스, 2013년 1월 2일, www.livescience.com.

Day - 284

FACT : 공항 보안 검색대는 모르는 사람이 전신 스캐너를 통해 당신을 쳐다보고 있다는 걸 알아서인지 아무리 여러 번 지나다녀도 항상 좀 불편할 것이다. 미국 교통보안청(TSA)의 전 직원이 〈폴리티코(Politico, 미국의 정치 전문 매체—옮긴이)〉를 통해, 전에는 **정말로 그들이 당신의 성기를 보고 놀리곤 했다**는 사실을 확인해주었다니 더욱 그럴 터.

하지만 너무 기분 나빠하지 말기를. 평생 남의 성기를 보아야 하는 삶은 어떻겠나. 잠깐, 왜 웃지? 변태!

》 제이슨 에드워드 해링턴, '친애하는 미국이여, 난 당신의 벗은 몸을 보았다', 〈폴리티코 매거진〉, 2014년 1월 30일, www.politico.com.

Day - 285

FACT : 당신은 체중을 몇 킬로그램 줄이는 데 얼마나 필사적인가? 위우회술(gastric bypass)은 너무 무섭게 들린다고? 그렇다면 당신은 새로운(완전히 합법적인) 체중 감량 방식의 지원자로는 별로 적합하지 않을 듯. 이 방식은 **전극들을 두개골에 직접 이식**해 뇌에서 식욕을 일으키는 부분을 제압하는 것이다.

그냥 쿠키 병을 배터리 케이블 같은 데다 연결해두면 돈을 좀 아낄 수 있을 듯.

》멜리사 호겐붐, '뇌 자극은 식욕을 어느 정도나 억제시킬까', BBC 퓨처, 2018년 3월 21일, www.bbc.com.

Day - 286

FACT : 우박을 동반한 폭풍 때문에 자동차 앞 유리가 깨지기라도 하면 화가 난다. 하물며 그 우박의 크기가 **배구공만 하고 무게가 1 킬로그램**이나 된다면 어떨까. 2010년 사우스다코타주에 내린, 자칫 치명적일 수 있는 우박처럼.

보험회사에는 하나님이 당신 차를 포격해 가루로 만들어버리셨다고 말해볼 것.

》데이비드 스트래들링, '과거의 오늘: 사우스다코타주에 역대 최대 우박 내려', KEVN 블랙 힐스 폭스, 2019년 7월 23일, www.blackhillsfox.com.

Day - 287

FACT : 현대의 정치가 꽤 하드코어라고 생각하는가? 그렇다면 16세기에 반란을 일으켰다가 패배하여 포획 당했던 불운한 헝가리의 반란군 지도자, 죄르지 도사(György Dózsa)에게 어떤 일이 있었는지 알고 싶지 않을 수도 있을 터. 그는 결국 불같이 뜨거운 철제 왕좌에 앉아, 역시 뜨거운 왕관과 홀을 쓰고 드는 형벌을 받았다. 그리고 그가 완전히 익어버렸을 때, 그의 동료 반란군들은 **강제로 그의 살을 먹고 피를 마셔야 했다.**

오늘날 많은 사람들은 그러한 결과가 의회 의원들에게 아주 적절하다고 여길 듯.

》 스티븐 시사, '불타는 왕좌에 오른 '농민의 왕'', 헝가리안 히스토리, www.hungarianhistory.com.

Day - 288

FACT : **항문에 뱀장어가 껴서** 응급실에 가야 하는 상황보다 더 나쁜 일이 있을까? 당신의 엑스레이를 본 병원 직원들이 왁자지껄 웃으며 언론에 당신의 의료 기록을 누설했다면 말이다. 이는 수년 전 뉴질랜드의 한 남성에게 실제로 일어났던 일로, 그는 그 병원을 사생활 침해로 고소했다.

똥구멍을 침해한 뱀장어는 처벌을 피했는데?

》 마틴 존스턴, '뱀장어 사건을 둘러싼 '마녀 사냥'', 오클랜더(The Aucklander), 2012년 11월 22일, www.nzherald.co.nz.

Day - 289

FACT : 정기적으로 성관계를 갖는 사람의 약 80퍼센트가 **인유두종 바이러스에 걸린다.**

그리고 찰리 쉰과 데이트를 한 사람은 100퍼센트 걸린다.

≫ 'HPV에 관한 간추린 사실들', 미국 성 건강 학회(American Sexual Health Association), www.ashasexualhealth.org.

Day - 290

FACT : 여성의 12퍼센트가 화장실 사용 후 손을 안 씻는다. 그리고 남성의 경우에는 세 명 중 한 명꼴이다.

그래, 하지만 그 안에서 뭔가를 적고 있는 이상한 사람 때문에 바로 뛰쳐나온 사람들도 있을 텐데?

》 미국 연합통신, '남성 셋 중 한 명은 화장실 사용 후 손 안 씻어', NBC 뉴스, 2007년 9월 17일, www.nbcnews.com.

Day - 291

FACT : 하와이에는 등에 **어릿광대의 웃는 얼굴**과 똑같이 보이는 모양을 가진 거미가 있다. 그래, 이 세상에는 웃는 얼굴 거미라는 게 정말 있다.

아이러니하게도 그 거미는 만성 우울증에 시달리는 얼마 안 되는 거미들 중 하나이다.

》 '웃는 얼굴 거미', 언더스탠딩 에볼루션(캘리포니아 대학교 버클리 캠퍼스), https://evolution.berkeley.edu

Day - 292

FACT : 미주리주 웰든 스프링(Weldon Spring)이라는 자그마한 도시에는 별 특징 없는(거대한 것 빼고는) 자갈 더미가 있다. 계단을 따라 꼭대기까지 올라가면, 그곳은 아마 지구상에서 유일하게 **1백13 만세제곱미터 규모의 유독성 핵폐기물** 바로 위에 올라서 볼 수 있는 곳일 것이다.

당신의 고환이 익은 자몽 크기만큼 부풀어 오른다면, 다시 아래로 내려올 채비를 해야 할 터.

》 '핵폐기물 어드벤처 트레일', 로드사이드 아메리카, www.roadsideamerica. com.

Day - 293

FACT : 과거 식민지 시대에 일어났던 일들 가운데 최악이 세일럼 마녀 재판이라고 생각하는가? 버지니아 식민지 제임스타운은 1609년 부터 1610년 사이의 겨울에 '대기근의 시대(Starving Time)'라 불릴 정도로 상황이 나빴다. 얼마나 나빴으면 한 남성은 자기 아내를 먹었고, 어느 10대 소녀는 **자기 머리를 깨서 정말 굶주린 사람이 뇌를 먹을 수 있도록 했다.**

보아하니 포카혼타스 이야기는 미국 최초의 좀비 영화일 수도 있었을 터.

》 조셉 스트롬버그, '제임스타운 식민지의 굶주린 정착민들, 식인 행위에 의지', 〈스미소니언 매거진〉, 2013년 4월 30일, www.smithonianmag.com.

Day - 294

FACT : 비록 사람을 죽이고 변신에 능한 에일리언과 연구 기지에 갇혀 있지는 않더라도, 눈 덮인 툰드라에서의 삶은 스트레스일 수 있다. 미국 정신의학회(American Psychiatric Association)가 알래스카주 앵커리지 같은 곳에 사는 사람들의 '북극 히스테리(Arctic hysteria)'를 일종의 장애로 인정해 분류할 정도로. 보고에 따르면 그것은 '옷을 찢고, **가구를 부수고, 욕설을 내뱉고, 대변을 먹고,** 그 밖의 비이성적이거나 위험한 행동들을 하는' 발작으로 이어질 수 있다.

잠깐, 언제부터 똥을 먹는 게 비이성적인 거였어?

》 벤 앤더슨, '알래스카 사람들은 '북극 히스테리'를 걱정해야 하나?', 〈앵커리지 데일리 뉴스〉, 2016년 9월 27일, www.adn.com.

Day - 295

FACT : 수포성 표피박리증(epidermolysis bullosa)은 듣기 좋고 기발한 나비 피부병이라는 이름으로도 불린다. 하지만 그건 결코 간단한 문제가 아니다. 그것에 걸리면 **피부에 물집이 생기고 아주 살짝 부딪치거나 긁히기만 해도 피부가 쉽게 벗겨진다.** 많은 이들이 마치 싸구려 핼러윈 미라 의상을 입은 듯 온몸에 밴드를 감게 되는데, 아직까지 치료법은 없다.

아마 이것으로 그들에게 가까이 갔을 때 그 나비들이 항상 소리를 지르고 있는 이유가 설명될 것이다.

》 '수포성 표피박리증', 메이오 클리닉(Mayo Clinic), www.mayoclinic.org.

Day - 296

FACT : 뉴질랜드 웰링턴은 심한 **폭풍, 홍수, 쓰나미, 지진,** 그리고 **화산 폭발**이 잦다.

하지만 다행히 난폭한 호빗이 반란을 일으킬 위험은 없다.

》 존 이든스, '뉴질랜드와 세계 곳곳에서 일어나는 자연재해의 위험성은 무엇?', 스터프, 2016년 12월 23일, www.stuff.co.nz.

Day - 297

FACT : 생선 냄새 증후군에 걸리면 매일 몸에서 **해산물 썩는 냄새**가 나게 된다.

항상 베이컨 냄새가 나서 이웃집 개들한테 갈가리 물어뜯기는 것보다는 나을 듯.

》 '생선 냄새 증후군(트리메틸아민뇨증, Trimethylaminuria)', 메디신넷, www.medicinenet.com.

Day - 298

FACT : 고등학교에서 남 괴롭히기를 즐기는 친구한테 '핵폭탄급 웨지(atomic wedgie, 웨지는 다른 사람의 바지 뒤춤을 잡고 들어 올려 바지가 엉덩이 사이에 끼게 하는 장난을 일컬음-옮긴이)'를 당하면 물론 창피하긴 하지만 치명적인 경우는 거의 없다. 그러나 한 번은 그런 적이 있었는데, 어느 33세 남성이 악의적으로 **계부의 팬티를 너무 심하게 잡아당긴 나머지** 허리 밴드가 계부의 머리를 넘어 목둘레에 끼어서 그를 질식사하게 만들었던 것이다.

사실 스월리(swirlie, 피해자를 거꾸로 들어 얼굴을 변기에 넣고 물을 내리는 등의 폭력 행위-옮긴이)만큼 나쁘게 들리지는 않는군.

》로이터 통신, '경찰, 한 남성 '핵폭탄급 웨지'로 계부 살해', CBS 뉴스, 2014년 1월 8일, www.cbsnews.com.

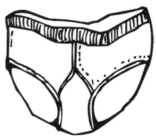

Day - 299

FACT : 200년 전, 스코틀랜드의 동굴을 탐험하던 어떤 소년들은 우연히 아주 특이한 발견을 했다. 바로 **17개의 미니어처 관들로, 그 안에는 조각된 나무 인형이 하나씩 들어 있었으며** 누군가 직접 만든 옷과 검은색 부츠 차림이었다. 조사 결과 그 인형들은 어느 성인(成人)의 작품들이었다. 또 그것들은 그 동굴에 한꺼번에 놓인 것이 아니라, 수년에 걸쳐서 놓였다. 그리고 지금까지도 그 이유를 아는 사람은 아무도 없다.

분명 아주 순수한 이유로, 그 세월 동안 죽은 아이들을 조각하고 그들을 거기 숨긴... 아니, 안 하는 게 낫겠다.

》 '미니어처 관들의 미스터리', 스코틀랜드 국립박물관, www.nms.ac.kr.

Day - 300

FACT : 런던 탑에는 유령이 많다고 알려져 있다. 그중에는 솔즈베리 백작 부인(Countess of Salisbury)의 유령도 있는데, 전설에 따르면 그녀는 도망을 치려다가 **쫓아오던 사형 집행관에게 난도질을 당해 죽었다.** 어떤 사람들은 유령들이 타워 그린(Tower Green)에서 일어난 그 소름끼치는 16세기의 사건을 재현한다고 주장한다.

런던 탑이 아니면 세상 어디에 유령이 있겠나.

》 라이오넬 판솔프, 퍼트리샤 판솔프, 〈세상에서 가장 신비로운 성들(The World's Most Mysterious Castles)〉(Dundurn Press Ltd., 2005).

Day - 301

FACT : 당신이 알레르기를 일으키는 약이 섹스를 통해 당신 몸으로 들어올 수 있다. 예를 들어 당신의 남성 파트너가 페니실린을 먹었다면, 그것은 그의 정액을 통해 당신의 혈류로 곧장 들어와 **과민성 쇼크를 일으킬 수 있다.**

만약 파트너가 당신이 옮긴 성병 때문에 페니실린을 먹는 거라면, 공식 의학 용어로는 '잔인한 아이러니'라고 한다.

》레이첼 레트너, '섹스 후 위험한 알레르기 반응 겪은 여성, 원인은 이것', 라이브 사이언스, 2019년 3월 12일, www.livescience.com.

Day - 302

FACT : 이번 핼러윈에 호박 조각할 일을 기대하고 있다고? 음, 그러려면 보험이 되는지, 또 깨끗한 속옷을 입었는지를 확인하는 게 좋을 듯. 실수로 자기 몸을 조각해서 응급실로 직행하는 3천 명 중한 명이 될 수도 있으니 말이다.

게다가, 이웃집 10대들이 당신 집 현관에서 호박 깨기 하는 걸 보는 게더 만족스럽지 않겠나, 시멘트 현관이라면.

》 '호박 조각하다 다친 사람, 2017년 기준 3천 명 이상', UPI, 2018년 10월 22일, www.upi.com.

Day - 303

FACT : 시애틀 근처에 산다는 건 곧 '라하(lahar)' 때문에 위험할 수 있다는 뜻인데, **'라하'란 이류**(mud flow)**와 토석류**(debris flow)가 수계를 따라 흘러가는 것이다.

화산 관련 사고로 죽는 방법들 중 가장 쿨 하지 못하다.

》 '라하를 비롯한 화산의 위험성', 시애틀 비상 관리국(Seattle Emergency Management), www.seattle.gov.

Day - 304

FACT : 시카고의 한 여성에게 일어났던 일처럼, 가고일 석상이 부서져서 아무 것도 모른 채 지나가는 사람을 짓이겨 놓을 수 있다.

생명이 없는 괴물 석상들까지 살인율에 일조하고 있다니.

》 '한 여성, 교회 밖에서 떨어진 가고일 석상 조각에 사망', CBS 시카고, 2014년 9월 4일, https://chicago.cbslocal.com.

Day - 305

FACT : 가게에서 옷을 입어볼 때 전에 다른 사람도 그 옷을 입어 봤을지 궁금해본 적 있나? 아니면 만약 누군가가 그 안에 주사기를 숨겨 놓아서 당신이 찔렸다면, 뭔가 치명적인 질병에 감염된 건 아닌 지 궁금한 적은? 조지아 월마트의 고객들은 진짜 그랬다. **브라, 아동 잠옷 등에서 피하 주삿바늘이 발견**되었던 것이다.

그건 그저 코리 펠드먼(Corey Feldman, 1980년대 아역 배우로 전성기를 누렸던 미국의 배우로 헐리우드의 소아성애 범죄에 대해 고발해 논란을 불러일으켰다-옮긴이)의 새로운 의상 라인 아니었을까?

》 뉴스코어(NewsCore), '조지아 월마트의 의류에서 발견된 주사기에 고객들 상처 입어', 폭스 뉴스, 2011년 12월 1일, www.foxnews.com.

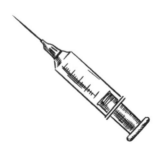

Day - 306

FACT : 뉴기니의 쿠쿠쿠쿠 부족(앙가(Anga) 부족으로도 알려진)은 대단히 잔인한 방식으로 시체를 처리한다. 그들은 시체를 불 위에 올려 마치 크리스마스 햄처럼 훈연하고, 몸통을 여러 차례 찔러 구멍을 내서 체액을 빼내며, **항문을 통해 내장을 빼낸다.** 준비가 다 된 시체들은 대나무 틀로 고정시켜 절벽 가장자리에 전시해 둔다.

사랑했던 사람들한테 이렇게 한다고 하니, 적에게는 어떨지 굳이 보고 싶지 않다.

》에린 위스티, 쿠쿠쿠쿠 부족의 훈연된 시체들, 역사상 가장 소름끼치는 장례 의식들 중 하나', 랭커(Ranker), www.ranker.com.

Day - 307

FACT : 당신의 경건한 열정을 일깨우고 간절한 기도를 하고 싶게 만들어 줄 무언가를 찾고 있다고? **멕시코 마약 카르텔의 수호성인**인 산타 무에르테(Santa Muerte)는 어떤가? 이 죽음의 화신을 '보니 레이디(Bony Lady)'라 부르며 숭배하는 추종자들은 상당히 많으며, 보고에 따르면 이것은 서양에서 가장 빠르게 성장하고 있는 종교 운동이다.

그와 다른 보니 레이디, 안젤리나 졸리를 숭배하는 이들과 혼동하지 말기를.

》 케이트 킹스베리, 앤드류 체스트넛, '교회, 사활을 건 산타 무에르타 반대 투쟁', 〈카톨릭 헤럴드〉, 2019년 4월 11일, https://catholicherald.co.uk.

Day - 308

FACT : 유독 조류(toxic algae)는 평소에는 차분한 바닷새들을 마치 발광하는 취객처럼 행동하게 만든다. 수십 년 전 몬테레이만의 해수욕객들은 바닷새 한 무리가 **물건들을 들이받고, 일부만 소화된 멸치를 사방에 토해 놓고, 급사해 길거리에 떨어져** 있는 것을 발견했다. 이 기이한 사건으로부터 영감을 받은 알프레드 히치콕 감독은 그 유명한 영화, 〈새(The Birds)〉를 만들기도 했다.

―――――

이와 비슷하게, 조류 때문에 바다사자들이 서로를 찌르고 자기 엄마처럼 차려입게 된 사건은 〈사이코〉에 영감을 준 것으로 보인다.

》 윈 패리, '히치콕 영화의 발광하는 새들은 유독 조류 때문', 라이브 사이언스, 2012년 1월 3일, www.livescience.com.

Day - 309

FACT : 많은 이들이 전자담배가 구식 연초를 뻐끔대는 것에 비해 덜 위험할 거라 여긴다. 어느 정도는 그럴지도 모르지만, 가연성 물질들이 들어 있는 배터리 때문에 **전자담배가 얼굴에서 폭발하면** 얘기가 달라진다. 전자담배 폭발 관련 사고로 끔찍한 화상을 입을 수 있을 뿐만 아니라, 신체 일부를 잃거나 실명에 이를 수도 있다.

최악인 건, 절대 쿨 하게 보일 수 없다는 것이다.

》 매튜 E. 로스하임, 멜빈 D. 리빙스턴, 에릭 K. 술, 헬렌 A. 제레이에, 데니스 L. 톰스, '전자담배 폭발과 화상, 2015~2017년 미국 응급센터들', BMJ 저널, https://tobaccocontrol.bmj.com.

Day - 310

FACT : 수술 과정에는 정말 변수가 많다. 환자가 방귀를 뀌는 바람에 레이저 장비에 불이 붙어 모든 것이 불에 탄 적도 있다.

그 여성이 부리토 레스토랑을 다녀온 게 아니라서 천만다행이었다.

》 '한 여성, 수술 중 장내 가스가 불을 붙여 심각한 화상 입어', 〈텔레그래프〉, 2016년 11월 2일, www.telegraph.co.uk.

Day - 311

FACT : 18세기 영국에서는 **도굴이 아주 흔했기** 때문에, 묘지에 덫에 의해 발사되는 총들이 설치되어 있었다.

그것의 원천 특허는 요세미티 샘(Yosemite Sam, 미국 애니메이션 '루니 툰' 시리즈에 총을 들고 등장하는 캐릭터-옮긴이)이 갖고 있을 터.

》 레베카 어니언, '‘묘지 총': 도굴꾼에 대항하는 하나의 방어 수단', 슬레이트(Slate), 2013년 1월 29일, https://slate.com.

Day - 312

FACT : 전 세계적으로 핵무기를 지키는 일을 맡는 군인들은 고도의 훈련을 받는다. 다만 예외적으로, 지구를 몇 번이고 날려버릴 수 있는 미사일 기지의 공군들 사이에서 **적성검사 부정행위가 널리 만연하여 그냥 '일종의 문화'로 묘사되었다**는 사실이 몇 년 전에 발견되었다.

적어도 전투기 조종사들은 절대 그랬을 리가... 맙소사! F-22가 우리 쪽으로 곧장 날아오고 있다!

≫ 조프 브럼필, '전 미사일 기지 군인들, 부정행위가 일종의 문화였다고 밝혀', NPR, 2014년 3월 12일, www.npr.org.

Day - 313

FACT : 호주의 때까치(butcher-bird)는 참새만 한 크기에 회색과 검은색 깃털을 가진 작고 귀여운 새이다. 하지만 만약 당신이 우연히 그 둥지에 너무 가까이 가게 되면 그것은 이상한 깍깍 소리로 당신을 위협하며 가차 없이 급강하 공격을 펼칠 것이다. 아, 그리고 이름에 대해 궁금해할까봐 말하는데, 그건 아주 타당한 이유로 지어졌다. 그 새들은 설치류, 도마뱀, 그리고 다른 새들을 잡아서 **그 시체들을 나무 가시에 꽂아두기** 때문이다.

보나마나 아웃백의 크리스마스트리 장식은 꽤나 잔인할 듯.

》 '회색 때까치', 버드라이프, www.birdlife.org.au.

Day - 314

FACT : 알 수 없는 이유로 성기에 피어싱을 하겠다는 일생일대의 확고한 결정을 내린 남성들이여, 그 부위에 구멍을 뚫는 것은 곧 참혹의 나락으로 떨어지는 시작점이 될 수 있음을 유념하라. 경우에 따라서는 **소변을 더 이상 조준하지 못거나,** 새로 난 구멍에서도 동시에 소변이 나오는 바람에 남은 평생 동안 앉아서 소변을 봐야 하는 상황에 처해질 수 있으므로.

화장실에서 본의 아니게 양옆의 두 남자에게 동시에 오줌을 싼다면 피할 수 없는 싸움이 시작될 터.

》 '성과 사랑' 편집자, '앨버트 공 이후: 성기 피어싱, 그 선택과 위험에 대해', 크리에이티브 로핑 탐파 베이(Creative Loafing Tampa Bay), 2011년 3월 31일, www.cltampa.com.

Day - 315

FACT : 소금을 너무 많이 먹으면 건강에 별로 안 좋다는 건 누구나 알고 있지만, 한꺼번에 많은 소금을 먹는 것이 **청산가리만큼이나 효과적으로 당신을 죽일 수 있는** 방법임을 아는 사람은 그리 많지 않다. 고대 중국에서는 소금을 몇 숟갈 먹는 것이 널리 알려진 자살 방식이었는데, 아기를 죽이는 데에는 두 숟갈이면 충분하다고.

그래서 대부분의 소아과 의사들은 마가리타 잔처럼 유두에 소금을 뿌리는 초보 엄마들에게 그러지 말라고 권고한다.

》 놈 R.C. 캠벨, 에마 J. 트레인, '소금의 급성 섭취와 관련된 사망자들에 대한 체계적 고찰. 경고 라벨이 필요한가?', 〈뉴트리언츠(Nutrients)〉, 2017년 7월, www.ncbi. nlm.nih.gov.

Day - 316

FACT : 밀 녹병(wheat rust)이라는 걸 들어본 적 있는가? 아니, 이건 어떤 장인의 치즈나 최신 유행하는 크래프트 맥주 같은 게 아니다. 이것은 세균 균주의 이름으로, 손을 쓰지 않고 놔두면 세계 곳곳에서 수많은 농작물을 파괴해 **전 인구의 3분의 1을 굶어 죽게 할 수 있다.**

이름만 들으면 내 욕실에 딱 어울릴 만한 페인트 색상 같은데.

》 '빵 바구니 속의 녹병', 〈이코노미스트〉, 2010년 7월 1일, www.economist.com.

Day - 317

FACT : 비행기 타기를 두려워하는 사람들이 수없이 많은데, 조사에 참여한 전체 비행기 조종사의 약 절반이 **조종석에서 자기도 모르게 잠이 들었다고 시인했다**는 사실은 그들에게 아마 전혀 도움이 안 될 터.

그리고 정말로 그들을 괴롭히고 싶다면, 그 조종사들 중 3분의 1이 잠에서 깼을 때 부조종사도 잠들어 있는 걸 보았다고 말했음을 알려주어라.

》 '조종사 피로', 유로 콕핏(Euro Cockpit), https://eurocockpit.be.

Day - 318

FACT : 시리얼 상자 속에 특별한 선물이 들어 있지는 않은지 항상 확인해 볼 것. 뭐, 예를 들면, **미라가 된 박쥐**같은.

만약 그게 카운트 초큘라(Count Chocula, 드라큘라를 마스코트로 하는 제너럴 밀스 사의 시리얼-옮긴이)였다면 그 박쥐는 제 갈 곳을 잘 찾았던 것이다.

》 '한 남성, 아침에 시리얼 볼에서 미라가 된 박쥐 발견', 〈메트로〉, 2012년 11월 13일, https://metro.co.uk.

Day - 319

FACT : 해양 용어로 '데드 존(dead zone)'은 생물이 살아갈 수 없는 저산소 지대이다(물고기가 익사할 수 있는 곳). 보통 이런 곳은 심해 중에서도 가장 깊은 부분에만 존재하지만, 지난 50년간 이런 지대가 520만 제곱킬로미터로 늘어났다. 그게 우리에게 무슨 의미냐고? 이러한 현상은 어업 분야에도 재앙일 뿐만 아니라, 상어 같은 포식자들이 사냥을 위해 물가로 더 가까이, 즉 우리에게 더 가까이 오게끔 만든다.

비록 이 사건으로 할리우드가 마침내 〈메가로돈(The Meg)〉의 속편을 만들게 될 수도 있겠지만.

》데미안 캐링턴, '학자들, 1950년 이후 네 배로 커진 데드 존 때문에 바다가 숨을 못 쉰다고 경고', 〈가디언〉, 2018년 1월 4일, www.theguardian.com.

Day - 320

FACT : 텔레비전은 나쁘다. 특히 당신의 머리 바로 위에 떨어진 경우라면 더더욱. 조사 결과, 10여 년간 215명의 사람들이 떨어진 텔레비전 때문에 사망했다. 또 텔레비전 관련 사고로 **응급실을 찾는 아이가 30분마다 한 명꼴**로 나온다.

그리고 그 중 소수는 지난 시즌 〈왕좌의 게임〉으로 인한 우울증과 연관되어 있다.

》 리사 플램, '떨어진 티브이 때문에 30분마다 한 명의 아이가 응급실행', 투데이, 2013년 7월 21일, www.today.com.

Day - 321

FACT : 집고양이보다는 반려견 때문에 죽을 확률이 더 높지만, 그렇다고 당신의 고양이가 당신을 죽일 수 없다는 건 아니다. 고양이는 몸집이 작아서 신체적으로 당신을 제압할 수는 없겠지만, 그것들이 할퀸 상처들이 당신을 치명적인 질병에 감염시킬 수 있다.

고양이는 길들여지지 않는다. 단지 몸집이 크지 않아서 당신을 못 죽일 뿐이다. 대부분은.

》 마이크 펄, '당신의 고양이가 당신을 죽일 수 있냐고, 전문가에게 물었다', 바이스, 2015년 5월 15일, www.vice.com.

Day - 322

FACT : 신 주이(Xin Zhui)는 2천여 년 전, 중국 한 왕조 때 죽은 여성이었다. 아니, '여성이다'라고 해야 맞는 게, **수세기 동안 거의 썩지 않고 미라 상태로 남아** 있기 때문이다. 그녀가 이집트인들처럼 그렇게 되려고 준비했기 때문은 아니고, 흠… 사실, 그녀의 시신이 그토록 잘 보존된 이유를 정확히 아는 사람은 아무도 없다. 고고학자들이 그녀를 그런 상태로 발견했을 뿐.

그녀의 별명은 '다이 여사(Lady of Dai)'인데, '인간 트윙키(Twinkie, 노란 스펀지케이크 안에 크림이 채워진 미국의 대표적인 간식으로 유통기한이 아주 긴 것으로 유명하다-옮긴이)'보다는 나은 것 같다.

》 리사 히긴스, '이 고대 미라가 이토록 잘 보존된 이유는 아무도 모른다', 〈뉴욕 포스트〉, 2016년 12월 1일, https://nypost.com.

Day - 323

FACT : 캐서린 나이트(Katherine Knight)는 호주 여성으로는 최초로 가석방 없는 종신형에 처해지는 불명예를 얻었다. 그렇게 된 이유는 그녀가 남편을 살해한 뒤 목을 자르고 살갗을 벗겨, **그 신체 부위들을 채소와 함께 요리**해서 그의 성인 자녀들에게 차려 줄 계획을 했기 때문이다.

그 자녀들이 특히 공포에 떨었던 건 둘 다 채식주의자였기 때문이라고.

》 던컨 맥냅, '캐서린 나이트, 남편 존 프라이스를 잔인하게 살해한 뒤 그의 머리를 끓여 요리', 호주 7뉴스(7News Australia), 2019년 10월 7일, https://7news.com.au.

Day - 324

FACT : 중국의 만리장성은 지구상에서 가장 긴 묘지로 알려져 있는데, 그걸 짓는 도중에 40만 명의 인부가 죽었기 때문이다.

매장지 부족 문제를 해결하는 한 가지 방법이 될 수 있을 듯.

》 로렌 브아소노, '찹쌀 모르타르, 우주에서 본 모습, 그 밖에 중국 만리장성에 관한 재미있는 사실들' 〈스미소니언 매거진〉, 2017년 2월 16일, www.smithonianmag.com.

Day - 325

FACT : 브라마파루샤(Brahmaparusha)는 인도의 뱀파이어로 당신의 내장을 뜯어내, 허리띠처럼 몸에 걸치고, 당신의 시체를 맴돌며 춤을 춘다.

그것이 더 혐오스러워질 수 있는 유일한 방법은 번쩍이는 빛을 내는 것 뿐일 터.

》 홀리데이, '브라마파루샤: 뇌를 먹는 인도의 뱀파이어', 뱀파이어스, www.vampires.com.

Day - 326

FACT : 버섯은 사람을 죽일 수 있다. 버섯 중독으로 가장 흔히 비난을 받는 두 종류로는 일곱 가지 독이 들어 있어 한 입만 먹어도 치명적일 수 있는 '죽음의 모자(Death Cap, 알광대버섯)'와, 식용 흰 버섯과 혼동하기 쉬운 '파괴하는 천사(Destroying Angel, 독우산광대버섯)'가 있다.

죽음의 모자. 파괴하는 천사. 누가 이런 이름을 붙인 겁니까, 악마 선생님?

》이안 로버트 홀, 〈세상의 식용버섯과 독버섯(Edible and Poisonous Mushrooms of the World)〉(Timber Press, 2003).

Day - 327

FACT : 캘리포니아주 롱비치의 어느 놀이공원에서 촬영 중이던 영화 제작진이 '매달린 남자' 소품을 유령의 집으로 옮기고 있었을 때, **한쪽 팔이 떨어져 나가며 사람 뼈가 드러났다.** 알고 보니 그것은 소품이 아니라 엘머 맥커디(Elmer McCurdy)라는 사람의 방부 처리된 시체였다. 세기가 바뀌는 무렵, 경찰의 총에 맞은 그는 시신을 인수 받을 가족이 나타나지 않아 기괴한 쇼의 구경거리로 이용되기에 이르렀다.

》 데이비드 미켈슨, '티브이 세트장의 '죽은 남자' 인형이 진짜 사람이었다고?', 스놉스(Snopes), 2006년 11월 9일, www.snopes.com.

Day - 328

FACT : 중동의 광활한 사막에는 비행기에서만 보이는, 돌로 만든 수많은 구조물들이 있다. 이것들은 전부 삼각형의 구획이 있는 원 모양으로, 그 **유래와 목적은 알려지지 않았다.** 그 지역 베두인족에게 물어보면 그저 '옛사람들의 작품(works of the old men)'이라고만 말할 뿐이다.

외계인들의 연루 가능성을 제안하려는 건 아니지만, 분명 저 위의 누군가는 자신이 피자를 좋아한다는 사실을 간절히 말하고 싶었던 듯.

》 오웬 재러스, '사진: 중동 사막에 점을 찍듯 무질서하게 퍼져 있는 바퀴 모양 구조물들', 라이브 사이언스, 2015년 12월 1일, www.livescience.com.

Day - 329

FACT : 추수감사절 칠면조도 다 먹고, 충분한 수면으로 트립토판 식곤증도 물리쳤다지만, 배수관으로 흘러내려간 그 모든 지방은 어떻게 될까? 때로는 그것이 다른 오물들과 섞여 엄청난 '팻버그(fatberg)'를 형성하기도 한다. **이 역겨운 덩어리들은 지하 하수도에 대혼란을 초래**하는데, 아마도 역대 가장 큰 팻버그는 영국에서 발생한 130톤짜리였을 것이다.

다른 팻버그(알렉 볼드윈이 수영하는 걸 본 많은 해수욕객들이 깜짝 놀라서 외치는 소리)와 혼동하지 말기를.

》 크리스티 마론, ''팻버그'를 막으려면 기름과 휴지를 하수구에 버리지 말 것', MPR 뉴스, 2017년 11월 22일, www.mprnews.org.

Day - 330

FACT : 빅토리아 시대 영국에서 패션은 주위 사람들을 감동시키는 수단인 동시에, 목숨을 앗아갈 수 있는 것이기도 했다. 모자에 든 수은부터 염료에 든 비소까지, **다들 스스로를 중독 시켰으니** 돌이켜 생각해보면 멋있기는커녕… 음… 바보 같아 보일 뿐이다. 방금 말한 그 염료는 뭐냐고? 셸리 그린(Scheele's Green)이라는 것인데 아직도 오래된 집과 시설들에서 발견되며 어느 정도의 습도에 이를 때마다 유독 가스를 내뿜는다.

너무 심하게 길고 덥수룩한 머튼 찹스(mutton chops, 턱을 제외한 양쪽 볼에만 기르는 구레나룻에서 이어지는 수염의 형태로 빅토리아 시대에 유행했다-옮긴이) 때문에 중장비에 끼어버린 남자들이 얼마나 많았는지에 대해서는 언급도 못했는데.

》 베키 리틀, '사람 죽이는 옷, 19세기에 대유행', 〈내셔널 지오그래픽〉, 2016년 10월 17일, www.nationalgeographic.com.

Day - 331

FACT : 덴버 공항에 있는 거대한 '블루 머스탱(Blue Mustang)' 조각상은 제작자 위로 떨어지면서 **그의 다리 동맥을 끊어** 그를 숨지게 했다.

그가 도쿄 공항을 위한 프로젝트였던 '거대한 광란 도마뱀'을 결코 완성할 수 없게 된 게 천만다행.

》 캐머런 베일리, '블루시퍼: 덴버 공항에 있는 루이스 히메네스의 '블루 머스탱' 동상에 대한 이야기', 언커버 콜로라도, 2019년 8월 8일, www.uncovercolorado.com.

Day - 332

FACT : 템스 강에서는 **매년 60구의 시체가 인양**된다.

》 자이바 말릭, '물 무덤', 〈가디언〉, 2004년 12월 14일, www.theguardian.com.

Day - 333

FACT : 미국 건국의 아버지인 벤자민 프랭클린은 벽장에 해골을 좀 갖고 있었다. 실제로, 대부분은 그의 집 지하에 있었다. 1700년대에는 사회적 관행상 의사들이 진짜 사람 시체를 교육용으로 사용하기가 힘들었다. 그래서 프랭클린은 **친구가 그의 집에 시체들을 보관하고** 해부학 연구를 할 수 있도록 해주었다. 그로부터 200년 뒤, 최소 15명의 것으로 추정되는 1천2백 개가 넘는 뼈들이 발견되었다.

그럼 그 모든 전기 실험들이... 무슨 프랑켄슈타인 놀이라도 하려던 것이었나?

》 콜린 슐츠, '벤자민 프랭클린의 집 지하실은 왜 해골 천지였을까?', 〈스미소니언 매거진〉, 2013년 10월 3일, www.smithsonianmag.com.

Day - 334

FACT : 당신이 인디애나 존스가 아닌 이상, 고고학자는 그다지 가슴 뛰게 하는 직업은 아닐 것이다. 단, **사상 최대의 집단 식인 사건**으로 알려진 독일에서의 발굴 현장에 우연히 참여하게 된 경우만 아니라면. 발견된 증거에 따르면 마을 주민 500명 전원은 마치 소처럼, 뼈에서 살이 세심하게 발라져 손질되었으며, 무슨 석기시대 바비큐 축제마냥 게걸스럽게 잡아먹혔다고 한다.

이 이야기가 역겹게 들린다면, 석기시대 핫도그 먹기 대회 같은 것도 즐기지 못했을 터.

》앤젤리카 프란츠, '독일 발굴 현장에서 집단 식인의 흔적 발견', 〈슈피겔 인터내셔널 (Spiegel International)〉, 2009년 12월 8일, www.spiegel.de.

Day - 335

FACT : 전 세계를 통틀어 워싱턴 D.C.에 있는 스미소니언 박물관보다 더 교육적인 장소는 거의 없다. 이곳은 또 오싹한 정도에서도 꽤 높은 순위를 차지할 것이다. 방문자 센터 바로 옆, '성'의 입구 근처에 있는 **비밀의 방**에 스미소니언 협회의 창시자가 **안치**되어 있다는 것을 당신이 알게 된다면 말이다.

다행히도 그는 자신을 박제해 원시인 전시실에 놓아 달라는 요구는 하지 않았다.

》 '제임스 스미슨의 지하 묘소', 스미소니언 인스티튜트 아카이브스, https:// siarchives.si.edu.

Day - 336

FACT : 밴을 렌트할 때 "해치 안을 들여다보지 말아요"라는 말을 듣는다면, 좀 더 점잖은 복장에 돈을 들이는 것을 고려해 보아야 할지도. 미네소타주의 어떤 남성들처럼, 총각 파티로 로드 트립을 떠났다가 앞서 언급된 해치에서 나는 썩는 냄새가 시체 때문이었다는 것을 발견하게 될지도 모르니까 말이다.

"또 무슨 일이 있어도 조수석 아래는 보지 말아요. 난 거기다 누드 잡지들을 몇 권씩 놔두는데, 누가 보면 정말 창피하니까요."

》 리즈 콜린, '렌트 고객, 시체 실린 RV 주인이 해치 열지 말라고 말해', WCCO 4, 2014년 5월 2일, https://minnesota.cbslocal.com.

Day - 337

FACT : 로스앤젤레스에서 빈 아파트 지하실을 청소하던 두 여성은 우연히 낡은 스티머 트렁크(steamer trunk, 납작하고 폭이 넓은 트렁크–옮긴이)를 발견했다. 그 안에는 1930년대 신문에 싸인, 미라가 된 두 아기의 시체가 들어있었다. 사인은 분명하지 않다. 다만 그들은 어머니와 전(前)세입자(그 사이 사망한)에 의해 그곳에 보관되었던 것으로 보이며, 아마도 어머니와 치과 의사의 불륜과 연관된 일로 추정된다.

―――――――

이 이야기로 인해 사람들이 치과 의사를 덜 두려워하게 되는 일은 없으리라고 장담한다.

》케이트 린시컴, '낡은 트렁크에서 유해로 발견된 아기들, DNA 검사로 엄마 찾아', 〈로스앤젤레스 타임스〉, 2010년 11월 16일, www.latimes.com.

Day - 338

FACT : 뉴욕의 대기질은 너무 나빠서 매년 스모그 관련 질병으로 죽는 주민들이 약 2천 명에 달한다.

모든 걸 고려했을 때, 그건 죽음의 가장 흔한 원인(실수로 알렉 볼드윈을 화나게 하는 것)보다 더하다.

》 마리아 갈루치, '뉴욕의 푸드 트럭들, 디젤을 버리고 태양열로 오염된 공기 정화 시도', 인터내셔널 비즈니스 타임스, 2015년 5월 12일, www.ibtimes.com.

Day - 339

FACT : 당신이 끼고 있는 반지 밑에 사는 세균의 수는 **유럽 전체 인구만큼 많을 수도 있다.**

냄새도 그만큼 고약할 듯.

》 '주방에서의 습관들이 식중독 위험 일으켜', 푸드링크(FoodLink) 언론 공지, 식음료 협회(Food and Drink Federation), 2006년 6월 12일, www.fdf.org.uk.

Day - 340

FACT : 연쇄살인범은 들어봤겠지만, 버지니아주 페어팩스 카운티의 한 여성은 몇 년 전 그보다 더 음흉한 악당, 연쇄 버트 슬래셔(butt slasher, '엉덩이를 베는 자'라는 뜻-옮긴이)의 공격을 받았다. 그 사이 체포되어 긴 징역형을 선고받은 범인은 여러 몰들을 서성거리다가 **면도날로 쇼핑객들의 엉덩이를 베고** 달아나곤 했다.

모방범들에 대항하려면 바로 지금 내 '케블라(Kevlar, 미국 듀폰 사가 개발한 고강력 섬유-옮긴이) 속옷' 킥 스타터 프로젝트에 투자하길.

》 '버지니아주 '버트 슬래셔', 징역 7년형 받아', NBC 4 워싱턴, 2013년 9월 6일, www.nbcwashington.com.

Day - 341

FACT : 아이오와주 디모인은 미국의 보다 과격한 도심지들에 비해 그 어떤 통계 수치에 등장할 일이 적은 평화로운 곳이다. 하지만 그 대신 그곳 사람들은 내 집이 폐광 위에 지어졌을 수도 있다는 공포를 항상 안고 산다. 그 도시의 주거 및 상업 지역 밑에는 320킬로미터 길이의 터널이 굽이굽이 나 있으며, 이는 곧 **집이나 상점이 언제라도 땅 밑으로 삼켜질 수 있다**는 걸 의미한다.

그건 아이오와 시내의 밤 문화에 아주 필요했던 흥분을 더할 듯.

》 킴 St. 온지, '당신의 집 아래에 광산이? 여기서 확인해보라', KCCI 8, 2016년 4월 15일, www.kcci.com.

Day - 342

FACT : 비록 대부분의 사람들은 애써 무시하려 하지만, 공중 수영장에 소변이 들어 있는 것은 피할 수 없는 사실이다. 그러나 그보다 더한 게 있다. 미국 질병통제예방센터(CDC)는 **사람의 대변에서 발견되는 기생충**인 크립토스포리듐(Cryptosporidium)이 수영장에서 발견되는 빈도가 늘고 있다고 경고한다. 얼마나 늘고 있냐고? 해마다 꽉 채운 13퍼센트씩.

무더운 여름날에는 돈도 아낄 겸 그냥 아이를 가까운 이동식 변소에 던져 넣는 게 나을 듯.

》 니나 골고프스키, '공중 수영장에서 대변 기생충 발견 늘어, CDC 경고', 허프포스트, 2019년 7월 5일, www.huffpost.com.

Day - 343

FACT : 태국에는 멋진 볼거리가 아주 많지만, 비위가 약하다면 시리랏 의학 박물관은 건너뛰고 싶을 듯. 왜냐하면 그곳은 의학의 경이로움을 감상하는 곳이라기보다는, **미라가 된 연쇄살인범들이 유리 안에 들어있어서 넋 놓고 보게 되는,** 일종의 저장소에 가깝기 때문이다.

이건 어린아이들에게는 적합하지 않은 콘셉트이며, 디즈니가 존 웨인 게이시(John Wayne Gacy, '광대 살인마'라는 별명을 가진 미국의 연쇄살인범-옮긴이)의 '목조르기 광대 랜드'를 추진하지 않기로 결정한 것도 바로 그 이유 때문이다.

》 켈리 아이버슨, '죽음의 박물관에 대해 당신이 알아야 할 모든 것', 더 컬쳐 트립(The Culture Trip), 2017년 3월 29일, https://thecutturetrip.com.

Day - 344

FACT : 미주리주의 작은 마을, 타임스 비치는 베트남 전쟁의 참상을 잊으려 힘든 시간을 보냈다. 특히 공무원들이 도로 정비를 위해 고용한 무능한 도급업자가 터무니없는 일련의 사건들을 통해 **다량의 남은 고엽제를 사용, 주민들을 중독 시키게 된** 이후로.

적어도 이것으로 왜 그토록 많은 극성 엄마들이 다낭에 대한 기억을 갖고 있었는가에 대한 미스터리는 풀렸다.

》 카트 에쉬너, '고엽제는 어떻게 미국의 이 작은 마을을 유독 폐기물에 시달리는 죽음의 함정으로 만들어 놓았다', 〈스미소니언 매거진〉, 2017년 4월 3일, www.smithonianmag.com.

Day - 345

FACT : 그리스의 아테네의 시민들은 **시의회 선거에서 신나치주의 정당을 선출**했다.

이것은 그리스의 희극에 해당할까, 비극에 해당할까?

≫ 미국 연합통신, '경찰 호위 하에 그리스 극우 정치인 아테네 시의회 의석 차지', 폭스 뉴스, 2014년 8월 29일, www.foxnews.com.

Day - 346

FACT : 루이지애나주 뉴올리언스의 사망자들은 땅 위에 묻힌다. 고지하수위(high water table) 때문에 땅에 묻은 **시신들이 다시 지면으로 떠오르는 고약한 습성**이 있기 때문이다.

악어들이 활동하게 되면 무슨 일이 벌어질지에 대해서는 논의하지 말도록 하자.

》 더그 키스터, '뉴올리언스의 지상 무덤', 익스피리언스 뉴올리언스!, www.experienceneworleans.com.

Day - 347

FACT : 이란의 가난한 사람들에게, 삶은 속이 뒤틀리는 경험이 되기도 한다. 정말 말 그대로, 극빈층이 빠른 시간 내에 얼마 안 되는 리알(이란의 화폐 단위)이나마 벌 수 있는 몇 안 되는 방법들 중 하나가 **장기를 파는 것이기** 때문이다. 그 시장은 매우 활발하게 운영되며 완전히 합법이다.

게다가 1979년 혁명 이후로 음주가 불법이 되었으니, 빛나는 새 간을 사기에 이보다 더 나은 곳이 어디 있을까?

》 사에드 카말리 데간, '신장 팝니다: 가난한 이란인들의 장기 판매 경쟁', 〈가디언〉, 2012년 5월 27일, www.theguardian.com.

Day - 348

FACT : 칼라미타 코스미카(Calamita Cosmica)는 이탈리아 예술가 지노 데 도미니치스(Gino De Dominicis)가 만든 예술 작품의 이름이다. 이것은 거의 **30미터에 달하는 해골 모형**으로, 유럽 여러 곳에 똑바로 누운 자세로 놓인 채 시민들을 놀라게 하고 있다.

어쩌면 우리는 그것을 우주 궤도로 보내서 그 까칠한 화성인들이 내려와 우리를 방해하는 일이 절대 없도록 해야 할지도.

》 카우시크 파토와리, '칼라미타 코스미카: 여행하는 거대한 해골', 어뮤징 플래닛(Amusing Planet), 2012년 1월, www.amusingplanet.com.

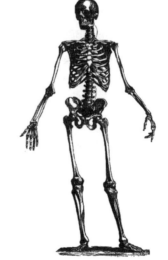

Day - 349

FACT : 대부분의 사람들은 하찮은 메기를 주로 빵가루에 입혀, 메인코스로 먹는다. 그러나 큰 메기도 있다. 정말 거대한 메기가. 웰스 메기(Wels catfish)는 세상에서 가장 크진 않을지 몰라도(5미터, 3백 킬로그램) 가장 무서울 수는 있다. 그것들은 **물가로 뛰어올라와 실수로 물에 너무 가까이 다가간 아무 것도 모르는 비둘기들을 꿀꺽 삼켜**버릴 수 있기 때문이다.

아직까지는 실종된 아기가 메기 안에서 발견되었다는 보고는 없지만, 그런 진화는 시간이 걸린다는 점을 기억하길.

》 올리비아 웨어링, 'BBC 시청자들, '플래닛 어스 2(Planet Earth 2)'의 괴물 같은 물고기에 대혼란', 〈메트로〉, 2016년 12월 12일, https://metro.co.uk.

Day - 350

FACT : 현대의 삶은 시끄럽고, 점점 더 시끄러워진다. 오두막집에 틀어박히는 은둔 생활을 택하지 않는 이상, 당신은 끊임없이 기계, 자동차, 음악 등의 지나친 데시벨들에 노출된다. 그렇기 때문에 당신이 75세가 되었을 때 **청각 장애 진단을 받을 확률이 50퍼센트**에 이른다. 또 오늘날 전체 10대의 20퍼센트는 일종의 청각 손상에 시달린다.

이에 우리는 지금이야말로 정부가 우리의 귀중한 젊음을 타락시키는, 불쾌하기 짝이 없는 로큰롤 유행병을 마침내 중지시켜야 한다고 말하는 바이다.

》 아야나 V. 버크너, '청각 손실: 예방할 수 있는 문제', ABC 뉴스, 2007년 10월 17일, https://abcnews.go.com.

Day - 351

FACT : 쿠바에서 걱정해야 할 것은 아직도 남아 있는 공산주의뿐만이 아니다. 그곳은 또한 솔레노돈(solenodon)의 서식지이기도 한데, 이것은 뾰족뒤쥐·쥐·주머니쥐처럼 생겼으며 길이가 30센티미터 이상으로, 설치류에 비하면 거대한 동물이다. 하지만 충격적인 것은 그 크기가 아니다. 이것은 **독사와 똑같이 먹잇감에게 이빨로 독을 주입하는** 유일한 포유류이다.

'피그만(Bay of Pigs, 쿠바 중서부에 있는 만−옮긴이)'은 신경 쓰지 말고, '코브라 쥐 동굴'을 조심해라.

》 에린 웨이먼, '솔레노돈: 짖지는 않지만 독 이빨로 마구 문다', 〈스미소니언 매거진〉, 2011년 7월 20일, www.smithonianmag.com.

Day - 352

FACT : 붐비는 도로 근처에 사는가? 연구에 따르면 지나가는 모든 자동차들에서 배출되는 미세한 자성 입자들이 나중에 **당신이 치매에 걸릴 확률을 높인다**고 한다.

갓 구운 파이를 창턱에 놓아두면 도둑질하는 부랑자들이 찾아올 확률이 높아지는 것처럼.

》새라 크냅튼, '공해 관련 주요 연구 결과, 붐비는 도로 근처에 살면 치매 위험 높아져', 〈텔레그래프〉, 2017년 1월 4일, www.telegraph.co.uk.

Day - 353

FACT : 부룬디에서는 대통령이 자기 축구팀(대통령이 직접 뛴)을 이겼다는 이유로 상대 축구팀에 속해 있던 **외국인 공무원들을** 체포했다.

"총을 가진 저 정신 나간 남자한테 한두 골 올려줘."

》 '게임은 정중하게: 축구팀 공무원들, 부룬디 대통령 상대로 거칠게 경기했다는 이유로 감옥행', 스푸트니크 뉴스, 2018년 3월 3일, https://sputniknews.com.

Day - 354

FACT : 감자칩이 세상에서 제일 건강한 스낵은 아니라는 건 대부분의 사람들이 잘 알고 있지만, 가장 우려할 만한 재료는 나트륨과 기름이 아니다. 보존제로 사용되는 아황산 수소 나트륨은 사실 **변기 세정제에도 들어가는 화학 물질이다.**

피클 맛, 또는 케첩 맛 감자 칩을 먹어 봤다면 이미 그 사실을 의심하고 있었겠지만.

》 TNN, '감자 칩과 변기 세정제의 공통점은?', 엔터테인먼트 타임스, 2019년 1월 11일, https://timesofindia.indiatimes.com.

Day - 355

FACT : 때로는 집안의 딱 알맞은 곳에 러그가 놓여 있으면 뭔가를 탁 터뜨릴 수 있다. **그걸 밟고 미끄러졌을 때 당신의 척추가 그렇듯이.** 그리고 나이가 먹을수록 다른 대안을 찾고 싶어질 수도 있는데, 미국에서만 매년 약 37,991명의 노인들이 러그 때문에 얼굴을 다쳐 응급실을 찾기 때문이다.

비록 어떤 사람들은 단단한 나무 바닥에서 러그 서핑을 하는 것이 인생을 살 맛 나게 해주는 몇 안 되는 일들 중 하나라고 주장하고 있지만.

》 토니 로젠, 캐린 A. 맥, 리타 K. 누난, '미끄러짐과 헛디딤: 러그, 카펫과 관련된 성인 낙상', 〈부상 및 폭력 연구 저널(Journal of Injury and Violence Research)〉, 2013년 1월, www.ncbi.nlm.nih.gov.

Day - 356

FACT : 프레마린(Premarin)이라는 약은 미국에서 가장 많이 처방되는 약으로, 당신이 폐경기를 경험했다면 아마 알 것이다. 하지만 그 약의 이름이 'PREgnant MAre's uRINe(임신한 암말의 소변)'의 축약어란 사실은 아마 몰랐을 텐데, **그것이 말 오줌에서 채취한 것이기 때문**에 그런 이름이 붙었다.

부디 그 약이 좌약으로 만들어지지는 않기를 바란다. 그런 비정상적인 변태 짓은 품위 있는 사회에서는 허용될 수 없는 것이므로.

》 프랜 주르가, '프레마린의 전성기: 말 세계의 반응은 어디에?', 〈에쿠스〉, 2017년 3월 10일, https://equusmagazine.com.

Day - 357

FACT : 집집마다 돌아다니며 크리스마스 분위기를 북돋우는 캐럴 합창단들보다 더 순수한 게 있을까? 하지만 그것이 항상 기분 좋은 일인 것은 아니다. 사실 캐럴 부르기는 17세기 유럽 일부 국가들과 미국 식민지에서는 금지된 일이었다. **간통과 음란에 대한 추잡한 가사들** 때문만이 아니라, 종종 돈과 술을 내놓지 않으면 폭력을 행사하겠다며 집주인을 협박하는 일로 이어졌기 때문이다.

캐럴 합창단이 잠을 깨웠을 때 산탄총을 들고 나간 이유를 판사에게 설명해야 하는 상황에는 훌륭한 변론이 될 수 있을 터.

》 닐 J. 영, '베이비, 크리스마스 노래들은 항상 논란거리였지', 〈애틀랜틱〉, 2018년 12월 24일, www.theatlantic.com.

Day - 358

FACT : 세계의 거의 모든 나라들이 크리스마스 전후의 기간 동안 **'겨울철 초과 사망'**을 경험한다. 그러나 이것은 추운 날씨와는 관계가 없어 보인다. 또한, 크리스마스와 설날 사이에 응급실에 입원하는 사람들은 그곳에서 사망할 확률이 10퍼센트에 이른다. 그리고 다시 말하지만, 정확히 왜 그런지 그 이유는 알려지지 않고 있다.

어쩌면 산타가 나쁜 아이와 착한 아이 목록을 좀 더 단호하게 관리하고 있는 듯.

》 벤 카터, '일 년 중 가장 치명적인 일주일의 미스터리', BBC, 2014년 1월 11일, www.bbc.com.

Day - 359

FACT : 집에서 나는 불의 30퍼센트와 그 화재 관련 사망자의 38 퍼센트는 12월~2월에 발생한다.

그냥 트리 대신 초콜릿 분수를 놓기를.

》 '휴일 데이터와 통계', 국제 전기 안전 재단(Electrical Safety Foundation International), 2015년 3월 1일, www.esfi.org.

Day - 360

FACT : 음주운전은 미국 50개 주 전체에서 불법인데도 불구하고, 크리스마스와 설날 사이에 **약 300명이 음주로 인한 충돌 사고로 목숨을 잃는다.**

그래도 체포되고 나면 당신만의 감옥 화장실 와인(prison toilet wine, 미국 교도소에서 죄수들이 만들어 먹는 술-옮긴이)을 만드는 법을 배울 수 있을 터.

》 '휴일 음주운전 관련 사실들', 미국 교통국(US Department of Transportation), www.transportation.gov.

Day - 361

FACT : '뱀 공포증(Ophidiophobia)'이란 뱀에 대한 공포를 뜻하는 과학 용어이다. 그렇다면 하늘을 나는 뱀에 대한 공포는 뭐라고 부를까? 그런 뱀은 실제로 존재한다. 그것들은 동남아시아의 밀림에 살며, **갈비뼈를 넓게 펴서 최대한 몸을 납작하게 만든 다음** 무섭게 넘실대며 공중을 날아간다.

어쩌면 이건 공포증으로 분류하지 않는 게 맞을 듯. 그런 생물체를 무서워하는 건 아주 지극히 이성적으로 보이니까 말이다.

》 린튼 윅스, '하늘을 나는 뱀의 우아한 비밀', NPR, 2014년 3월 7일, www.npr.org.

Day - 362

FACT : 아침에 시리얼에다 설탕을 살짝 넣어 먹기를 좋아하는가? 혹시 딸기 몇 개를? **적당량의 부틸화히드록시톨루엔(butylated hydorxytoluene)은 어떤가?** 잠깐, 이 마지막 것에 대해 염려하지 마라, 색깔과 맛을 유지시키기 위한 재료로 이미 그 안에 들어있으니까. 석유 회사들에서는 이것을 또 다른 이름으로 부르는데, 유압유와 제트 연료유로 판매되는 연료첨가제 AO-29가 바로 그것이다.

그리고 내가 회사 엘리베이터 안에서 솟아올랐던 이유는 섬유질들 때문인 듯.

》 라일리 카도자, '시리얼에 든 화학 물질들을 염려해야 하는 이유', 〈잇 디스, 낫 댓!(Eat This, Not That!)〉, 2017년 6월 29일, www.eatthis.com.

글을 쓰는 하루 한 장 365

Day - 363

FACT : 헬싱키에 있는 핀란드 자연사 박물관에는 거미들이 우글거린다. 평범한 집 거미들이 아니라 **강한 독을 가진 남아메리카의 은둔 거미(recluse spider)**들이. 어쩌다 그것들이 그리로 오게 되었는지는 아무도 알지 못하며, 큐레이터들이 아무리 애를 써도 그것들을 없앨 수가 없는 모양이다.

적어도 그들은 남자아이들을 박물관에 오고 싶게끔 만드는 방법을 드디어 찾았다.

》 헨리 니콜스, '생명력 강한 독거미들이 우글대는 박물관', BBC 퓨처, 2016년 4월 14일, www.bbc.com.

Day - 364

FACT : '빅 버즈 작전(Operation Big Buzz)'은 깜찍한 이름과는 달리 1955년 미국 정부가 모기의 전쟁 무기로서의 실용성을 실험하기 위해 조지아주에 30만 마리의 모기를 투하했던 무서운 실험이다. 장차 **모든 모기를 황열병에 감염시킬 계획**이었다는 사실을 알고 나면 상황이 더 잘 이해가 될 것이다.

누군가는 겨자 가스가 사용되던 지난날을 몹시 그리워할 터.

》 '군대, 모기 무기화 연구', 더 스모킹 건(The Smoking Gun), 2016년 3월 10일, www.thesmokinggun.com.

Day - 365

FACT : 리노스포리듐증(rhinosporidiosis)은 말은 복잡하지만 그 상태는 '끔찍함'으로 간단히 요약할 수 있다. **눈알에서 이상하고 기괴한 폴립이 자라나니** 말이다. 오랫동안 의사들은 그 원인을 찾지 못해 혼란스러워 하며, 곰팡이의 일종으로 추정했다. 하지만 좋은 소식! 사실 그건 연못에서 수영을 하다가 옮을 수 있는 기생충이다.

오류에 대해 사과한다. 맨 마지막 정보는 결코 좋은 소식이 될 수 없다.

》 두에인 R. 호스펜탈, MD, PhD, FACP, FIDSA, FASTMH, '리노스포리듐증', 메드스케이프(Medscape), 2019년 8월 5일, https://emedicine.medscape.com.

1일 1편 신박한 잡학사전 365

초판 1쇄 발행 | 2021년 8월 25일

지은이 | 캐리 맥닐
옮긴이 | 서지희

펴낸이 | 정광성
책임 편집 | 박고운
펴낸곳 | 알파미디어
출판등록 | 제2018-000063호
주소 | 서울시 강동구 천호옛12길 46 2층 201호
전화 | 02 487 2041   **팩스** | 02 488 2040

ISBN 979-11-91122-25-1 (03400)
값 14,800원